完全マニュアル

八木重和　著

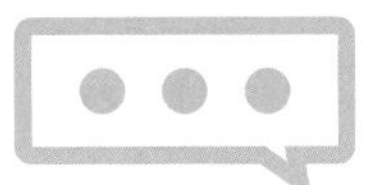

秀和システム

■本書の編集にあたり、下記のソフトウェアを使用しました

・iOS 16
・Windows11

上記以外のバージョンやエディション、OSをお使いの場合、画面のバーやボタンなどのイメージが本書の画面イメージと異なることがあります。

■注意

本書の使い方

このSECTIONの機能について「こんな時に役立つ」といった活用のヒントや、知っておくと操作しやすくなるポイントを紹介しています。

このSECTIONの目的です。

このSECTIONでポイントになる機能や操作などの用語です。

SECTION 04-01

Keyword：テキストの投稿

文章を投稿する

「キャッチ画像」を付けて、記事のイメージをひと目で伝えよう

noteに記事を投稿します。記事を投稿するときに「キャッチ画像」を付けると、記事のイメージをひと目で伝えることができ、注目されやすくなります。キャッチ画像は必須ではありませんが、可能な限り載せましょう。

キャッチ画像を挿入する

1 「投稿」をクリックし、「テキスト」をクリック。

2 キャッチ画像の「＋」をクリックして、「画像をアップロードする」をクリック。

Note キャッチ画像とは

キャッチ画像は、記事を表示するときのイメージとなる画像です。記事の内容を連想させるようなものを選びましょう。

3 画像を選択して「開く」をクリック。

Hint 画像がないとき

キャッチ画像に使う画像データがないときは、画像を載せないまま投稿することもできます。また後述の「みんなのフォトギャラリー」から選んで使うこともできます。

80

用語の意味やサービス内容の説明をしたり、操作時の注意などを説明しています。

操作の方法を、ステップバイステップで図解しています。

- Check：操作する際に知っておきたいことや注意点などを補足しています。
- Hint：より活用するための方法や、知っておくと便利な使い方を解説しています。
- Note：用語説明など、より理解を深めるための説明です。

はじめに

インターネットで情報を発信するときに、何を使いますか？　Twitterやインスタグラムなどの SNS、YouTubeやTikTokなどの動画共有サービス……さまざまな手段があります。

一方で、あっちもこっちもとはじめたところで、だんだんと更新が鈍り、どれも中途半端な状態で半ば放置され、いつしか疲れてしまう。そんな「ネット疲れ」の経験もあるかもしれません。

そこで今、少し立ち止まって、インターネットで情報を発信することを考え直してみましょう。フォロワー数や「いいね！」のために必死で投稿し、広告収益のために無理やりにでもネタを生み出す。果たしてこれが、自分がやりたかった情報を発信のカタチでしょうか。

興味のあることにじっくりと取り組んで、書き上げた情報をインターネット上に発信する。そこにフォロワーやランキング、アフィリエイトといった縛り、プレッシャーは存在しません。ある意味で純粋な情報発信の姿を取り戻してみませんか？

「note」はそんな「じっくりと取り組みたい」人に向いた情報発信の場所です。日々の日記を綴る、創り上げた写真やイラスト作品を発表する、それら誰もが「クリエイター」と呼ばれ、すべての投稿が「創作物」として価値を持つ、そんな考えで日々進化している場所が「note」です。もちろん価値を持つ情報には対価が生まれることもあります。

そして今、「note」は企業の経営者をはじめとする、時代の先端を行くリーダーたちにも注目されています。ブランドイメージの向上や価値のある情報、コンテンツの発信ツールとして利用される例も増えてきました。

本書では、「note」でできることをひとつずつ整理して解説しています。また最後には企業公式アカウントのインタビューを掲載し、「note」の活用方法をリアルな声として聞き、知ることもできます。

ありそうでなかった「note」というツールによって「自分の場所」を得て、氾濫する情報に惑わされることなく、創作活動や情報発信に正面から取り組むための一助となれば幸いです。

2023年5月
八木重和

「写真」の楽しさ

noteは、ブログのような記事投稿やコンテンツ販売、SNSのようなつぶやきもできる「ありそうでなかった」配信メディア

記事を取りまとめた「マガジン」は、noteの大きな特徴のひとつ。有料販売することもでき、複数人で共同運営することも可能

マガジン

+マガジンを作る

すべて

自分

購読中

共同運営

廃刊・過去購読

きれいな写真を撮るキホンと雑話

2本

誰でもきれいな写真を撮りたい。そんな思いに役立つお話しを綴っています。

公開中

あとで読む

0本

あとで読む記事をマガジンに保存しておくことができます。不要であれば、マガジンの削除も可能です。

非公開

写真を趣味にする仲間たちが集う場所です。
旅先で構えたカメラの先にあった景色を思い出とともに語りながら、情報交換を行います。本格的なカメラを持ち撮影に取り組んでいる方も、スマートフォンで手軽に写真を楽しんでいる方も、気軽にご参加ください。

1名が参加中

参加者限定のコミュニティ「メンバーシップ」。作成するには、月会費のプランを設定し、noteの審査を受ける必要がある

有料の「noteプレミアム」に登録すると、予約投稿やサブスク型の定期購読マガジン、数量限定販売など、より高度なコンテンツ販売が可能になる

noteプレミアムとは

クリエイターのみなさま向けに、予約投稿や容量UPでもっと更新しやすく、
定期購読（審査あり）でもっと販売しやすくなる機能をご用意しました。
今後も、noteがさらに楽しくなる機能を追加していきます。お楽しみに！

定期購読マガジンの申し込み

月額制で記事を販売できる機能です。あらゆるジャンルのクリエイターが、記事を投稿することで、自分の考えや知識を共有したり、ファンの方への発信を行ったりできます。

定期購読マガジンについて

※2022年7月、無料会員でもサブスクリプションが開始できるメンバーシップ機能がリリースされました。

共同運営マガジン機能

複数のクリエイターが、ひとつのマガジンに記事を掲載できる機能です。有料マガジンと定期購読マガジンでお使いいただけます。

共同運営マガジンについて

※2023年6月に有料共同運営マガジンの「分配率設定」機能を終了します。

目次

Chapter06　コンテンツをまとめた「マガジン」を作ろう

Chapter07 有料のコンテンツを購入しよう

Chapter

01

新時代の情報発信基地「note」ってどんなもの？

「note」は今、新しいスタイルのインターネットサービスとして注目されています。ブログでもあり、ショップでもあり、企業の情報サイトでもあり……。noteには、さまざまな「コンテンツ」が公開、共有されています。まずは「note」はどのようなサービスなのかを確認しながら、第一歩を踏み出しましょう。

01-01 「note」でできること

noteは個人も企業も注目する配信メディア

「note」は新しい情報基地として利用者が増えています。今はインターネットにさまざまな情報があふれていますが、noteは情報をできるだけシンプルに整理し、個人はもちろん、企業も発信できる「ありそうでなかった」配信メディアです。

ブログから有料コンテンツの販売まで

noteは今、注目のメディアです。「メディア」と言いますが、企業が発信するニュースサイトとは違います。SNSのような性格も持ち、個人が趣味を語るブログのようにも見えます。一方で、会員制のコミュニティ（メンバーシップ）があったり、有料のマガジンが販売されていたり、あるいは企業がセミナーを開催する場になったり……いろいろな情報の発信が行われています。

はじめにnoteを見ると、何をしていいのか、つかみどころがないと感じるかもしれません。そこでまず、noteでできる主なことを整理してみましょう。

- **興味のある分野の情報を見る**
- **ブログのように記事を書く**
- **ユーザー同士でフォローして交流する**
- **写真やイラスト、音声を投稿する**

ここまでは従来からあるSNSと似ています。noteではさらに以下のようなこともできます。

- **有料の記事を購入して読む**
- **有料の記事を販売する**
- **有料の画像や音声コンテンツを購入して楽しむ**
- **有料の画像や音声コンテンツを販売する**
- **オンラインサロンに参加する**
- **メンバーシップを運営する**

Check

noteの利用はほぼ無料

noteのサービスのほとんどは無料で利用できます。アカウントの作成もサービスの利用も、初期費用や月額費用など一切かかりません。有料コンテンツの販売も、サービスの利用料や有料販売の登録料などはかかりません。売上の中から一定の割合でnoteに手数料を支払う仕組みです。noteは基本的に無料で使えると考えてよいでしょう。その上で、一部の高度な機能を利用するために有料のサービス「noteプレミアム」が用意されています。

noteでは、有料コンテンツの購入や販売ができます。SNSやメディアでは、一般的に公式アカウントと呼ばれるものなどで企業や著名人が有料コンテンツを販売していることがありますが、noteでは企業や組織に限らず個人でも有料コンテンツを販売することができます。たとえばフリーランスの作家が自分で書いた小説を有料マガジンとして販売したり、作曲家が音楽データを販売したりすることができます。もちろん著名人や企業が有料のオンラインサロンをnoteで運営するといったこともできます。有料コンテンツの販売に資格や条件はなく、原則として誰でも販売できることはnoteの大きな特徴です。

▲noteでは有料の記事が販売されている。

▲記事をまとめた「マガジン」は、フォローすると雑誌のように読める。有料で購入するマガジンだけでなく無料で読めるマガジンもある。

交流を楽しむことも、プロとして活躍することも

noteはSNSでもあり、コンテンツサイトでもあり、情報ポータルサイトでもあり、クリエイターの発信地でもあり……さまざまな顔を持っています。したがって、利用の仕方も人それぞれです。

たとえば同じ趣味のブログ記事から情報を探すような使い方もできます。日々のニュースにつながる情報をチェックすることもできます。ブログのように、コメントを送信して交流を広げるもできます。「有料コンテンツを販売する」プロフェッショナルのクリエイターを目指すこともできます。企業や組織が自社の優れたコンテンツやノウハウを販売し、特徴や強みをアピールする場としても利用されています。

でもはじめはあまり肩に力を入れず、「好きなことを投稿して、楽しそうな記事を読む」ことから始めてみましょう。記事を読み、投稿し、コメントを書いているうちに交流がはじまり、広がるかもしれません。「どこまで使うか」は自由です。趣味のブログで楽しむのも、いつしか趣味がプロフェッショナルの領域に成長し有料コンテンツを販売するようになるのも、まずは「やってみて」、noteの楽しみ方を見つけましょう。

▲noteには同じ趣味を持つユーザーが集う「メンバーシップ」がある。自分自身でメンバーシップを作り主宰することもできる。

Hint

すべてのユーザーが「クリエイター」

noteは、個人にも企業や組織にも利用されています。目的はさまざまですが、何らかの投稿を行うすべてのユーザーに共通することは、それぞれがコンテンツを創り、生み出し、発信していることです。

そこでnoteでは、すべてのユーザーを「クリエイター」と呼んでいます。「クリエイター」と聞けば、専門的なアプリなどを使って特別な物語、イラスト、写真、音楽、映像といった作品を創作するプロフェッショナルのように思えます。しかしnoteでは、記事を投稿する、写真を投稿する、コメントでコミュニケーションを広げる、こういった行動をするすべてのユーザーが、何らかの創作物を生み出しているととらえ「クリエイター」と呼びます。もちろん、個人でも企業や組織でも、その形態は問いません。

クリエイターは特別な人材だけがなれる肩書きではありません。noteには誰もがクリエイターとして活躍できる場があります。

01-02

「note」の特徴

シンプルで誰にでもわかりやすい

ブログやコミュニティ（メンバーシップ）、ショップまであるとなれば、「ややこしそう」「使い方が難しそう」と思うかもしれません。ところが「note」はいたってシンプル。誰にでもわかりやすく使いこなせることが特徴です。

飾りがほとんどない外観

noteの画面を見ていると、シンプルでスッキリしていることを感じます。じつはnoteでは、個々に細かいデザインができません。個人ブログやWebサイトでは、デザインで個性を出しますが、noteはすべて統一されたデザインになっていて、凝ったデザインができません。言い換えれば、統一感があり、見た目で惑わされない仕組みになっています。

外観上の特徴ではもう1つ、アフィリエイト広告がないことが目立ちます。最近のブログやSNSは広告だらけで煩わしいと感じる人が多いはずです。広告収入を目的にブログを書くアフィリエイトブロガーが存在するくらいで、中には文章よりも広告の方が多いようなサイトもあります。広告は役立つこともありますが、記事をじっくり読みたいときには不要です。

noteにはユーザーが広告を掲載する仕組みがありません。どの記事も広告なしで、内容に集中できるようになっています。近年の情報サイトで広告がないのは珍しいくらいで、noteが情報拠点として人気になっている理由の1つにもなっています。

▲noteの画面はいたってシンプル。広告もない。

誰でも、人目に触れるチャンスがたくさんある

今はインターネットに情報があふれ、自分が伝えたいことを発信しても、なかなか人の目にとまりません。TwitterやInstagramで数万のフォロワーを集めたり、数十万の「いいね！」をもらったりするには、よほどの何かがない限り難しいのが現実です。あるいはブログでも、有名人でもない限り、ほとんど見られないまま時間が過ぎて、すぐに古い情報になってしまいます。

一方でnoteは、誰の記事でも内容さえ充実していれば、「おすすめ」に表示されやすく、人目に触れる機会が多くなります。noteのユーザーの趣味趣向に合った記事やコンテンツをトップページに表示したり、通知が届いたりします。Google検索でnoteの記事が上位に表示されることもあります。noteが自動的に記事を広めてくれる仕組みがあり、情報の発信場所として期待は大きくなります。ぽつんと1人で始めてひとりごとをつぶやいているだけ、といった広い世界のSNSではなく、今改めてnoteで情報を発信する人や企業が増えています。

▲「おすすめ」に掲載されると注目され、アクセス数が上昇、多くの人が見ることになる。

ハードルの低さと奥の深さが共存

今からnoteをはじめようと思えば、最短で2～3分もあれば最初の記事を投稿できます。それぐらい入口のハードルが低く、いつでも気軽にはじめられます。まずははじめてみて、1つずつ内容を追加し、充実させていけばよく、最初から大きな目標を持ち、構えて臨む必要はありません。誰でも、ゴールが見えなければスタートしづらいものです。その点、noteは「まず1つ記事を書く」だけではじめられます。前述のとおり、凝ったデザインを考える必要もありません。プロフィールの登録はあとからでも構いません。もちろん、どんな記事があるか読むだけでも役立ちますし、読んでいるうちに自分も投稿してみようと思うでしょう。

このように簡単にはじめられるnoteですが、「記事を書き続ける」だけでは、続かないかもしれません。これまでブログを経験した人の多くが「飽きる」という壁を越えられず、いつしか更新しなくなり、そのまま放置されます。

noteではどうでしょうか。noteにはさまざまなコンテンツの発信方法があります。文章や写真を載せる今どきの情報発信はもちろん、コミュニティを作る、コンテンツを有料販売する、マガジンを発行する……１つの記事からこれまでにないような発展があります。ブログとしての使い方に飽きたら、フォロワーやコメントをしてくれたユーザーとコミュニケーションを取ってみると、新しい世界が広がるかもしれません。これまでに投稿した記事をまとめてマガジンにすれば、もしかしたら価値のあるコンテンツとして買ってくれるユーザーがいるかもしれません。ただ記事を投稿し続けることから、自分の新しい可能性を探り、新しいことをはじめるきっかけとしてもnoteは最適な場所です。まずはアカウントを作成し、はじめてみましょう。

▲まずはじめに短い文章を投稿してみよう。あらかじめ「完成されたコンテンツ」を用意する必要はない。

▲投稿した記事が増えてくると、まとまった「コンテンツ」として見えてくる。少しずつ積み重ねていくことでnoteのメリットを活かせるようになる。

アカウントを作成する

メールアドレスだけあれば個人情報は不要で登録できる

noteに記事を投稿するには、アカウントの登録が必要です。有効なメールアドレスだけあれば、簡単に登録できます。無料で登録できるので、はじめにアカウントを作成しましょう。

アカウントを登録する

1 ブラウザーを起動する。URLに「https://note.com」と入力して［Enter］キーを押し、「会員登録」をクリック。

Check

パソコンはブラウザーで利用

noteはパソコンの場合、ブラウザーで利用します。パソコン用のアプリはありません。

2 登録に利用するアカウントを選択する。メールアドレスで登録する場合は「メールで登録」をクリック。

Hint

他のアカウントを使って登録する

noteは、メールアドレスの登録以外にも、TwitterアカウントやApple IDを利用した登録ができます。Googleアカウントを持っている場合は、Googleアカウントと連携することもできます。Gmailを使っている場合、メールアドレスで登録してもGoogleアカウントで登録しても構いません。

3 メールアドレスとパスワードを入力し、続いて表示する名前を入力する。その後「私はロボットではありません」をクリックしてチェックし、「同意して登録する」をクリック。

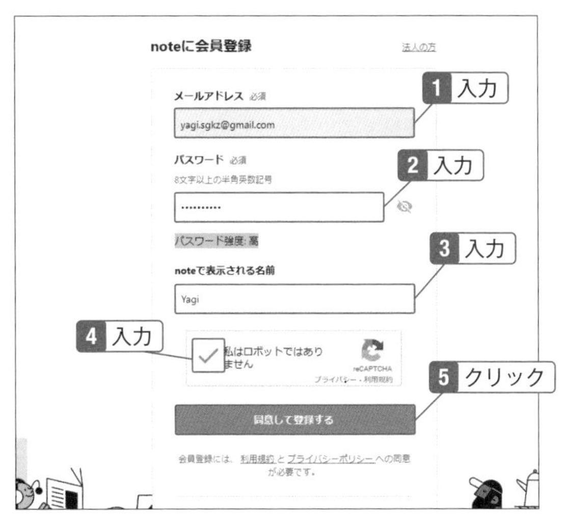

Check

ロボットによる自動登録を防止

「私はロボットではありません」にチェックするのは、プログラムを使って自動的に登録を行うロボット操作を防止するものです。大量にアカウントを取得するといった不正な操作を防ぎます。

4 自分のnoteのURL（アドレス）を設定する。希望するアドレスを入力し、「次へ」をクリック。

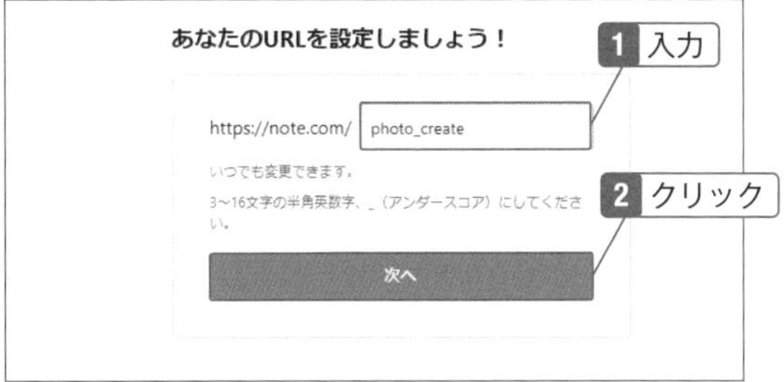

Check

重複はできない

すでに使われているURLは登録できません。「_」（アンダーバー）などを利用して、わかりやすいURLを考えましょう。

5 興味のあるジャンルをクリックして、「次へ」をクリック。

6 「今はしない」をクリック。

Hint

Twitterと連携する

Twitterを使っている場合、Twitterと連携すると、noteに投稿した記事をTwitterにシェアするといった、より幅広い使い方ができるようになります。設定は後からでもできるので、ここでは「今はしない」をクリックしておきます。

7 フォローするクリエイター（ユーザー）がいれば「フォロー」をクリックして「次へ」をクリック。

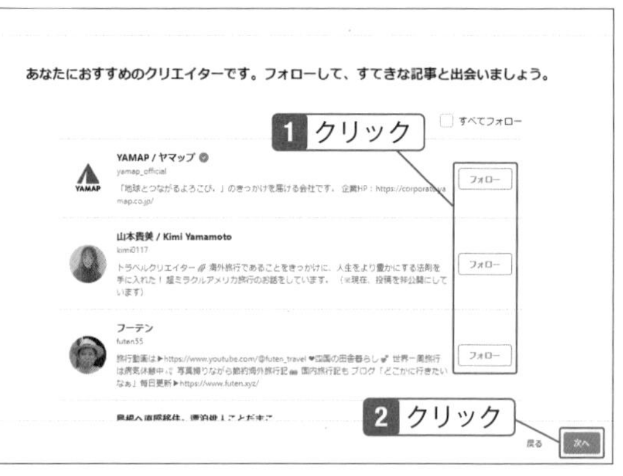

Hint

フォローは後からでもできる

ここでは興味のあるジャンルで選択した分野のクリエイターがランダムに表示されます。クリエイターのフォローは後からでもできますので、ひとまず何も選択せず「次へ」をクリックして進んでも構いません。

8 フォローするマガジンがあれば「フォロー」をクリックすると「フォロー中」に変わる。その後「noteをはじめる」をクリック。

Check

マガジンをフォローする

マガジンは、クリエイターが定期的に記事を投稿している「雑誌」のようなコンテンツです。興味のあるマガジンがあればフォローしましょう。これから記事をどのように投稿するのかを考える参考にもなります。

9 登録が完了するので、「次へ」をクリック。

10 「このまま閉じる」をクリック。

Hint

注目作品を見る

「注目ページを見る」をクリックすると、noteの編集部（運営）が選んだ記事を見ることができます。

11 「認証メールを送信しました」と表示されるので、右上の（×）（閉じる）をクリック。

Hint

メールアドレスの確認が必要

アカウントの登録が完了するとすぐに利用できますが、記事を投稿するには、登録したメールアドレスを確認する必要があります。

メールアドレスを確認する

1 届いたメールを開く。

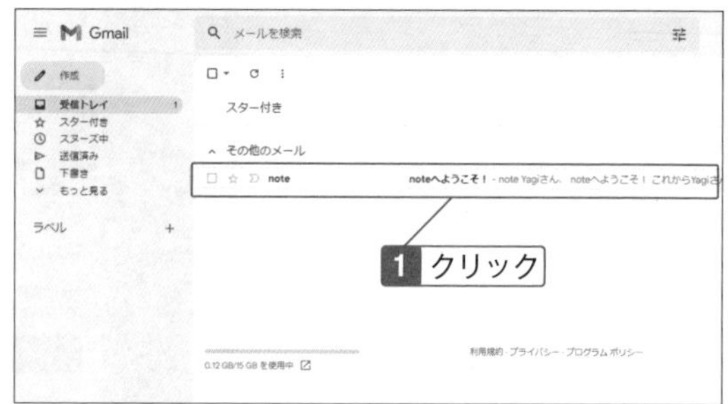

Check

Gmailの場合「ソーシャル」タブに届くこともある

登録にGmailを使った場合、メールは「ソーシャル」タブに届くことがあります。「メイン」タブに届いてない場合は、「ソーシャル」タブを確認してください。

2 「本登録を完了する」をクリック。

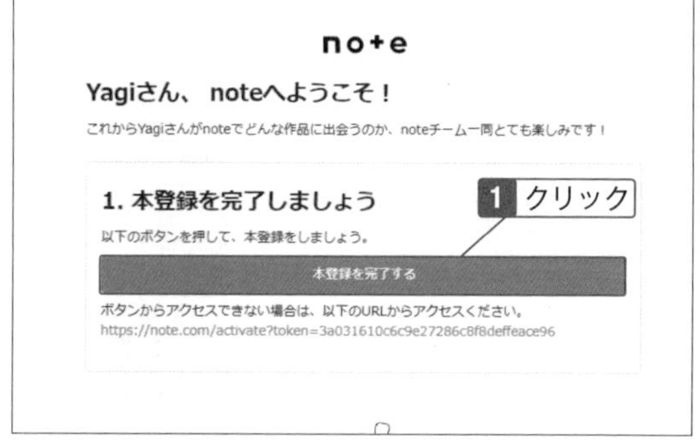

3 確認が完了すると「ホーム」画面が開く。

Check

記事を読むだけならアカウントは不要

noteの記事を読むだけであれば、アカウント登録は不要です。しかし記事の投稿や、有料コンテンツを購入するといったnoteならではの機能を利用するには、アカウントの登録が必要です。

01-04

スマホアプリをダウンロードする

noteにはスマホ専用アプリがある。スマホならどこでも気軽に使える

noteはパソコンの場合ブラウザーで利用しますが、スマホは専用のアプリがあります。アプリをダウンロードしておくと、iPhone（iOS）やAndroidスマホでも同じアカウントで使えるようになります。

ストアからアプリをダウンロードする

1 「AppStore」を起動して「検索」をタップ。

2 検索ボックスをタップ。

3 「note」と入力し、「検索」をタップ。

note
1 入力
キャンセル
note
note ブログ
notebook
note15
note（ストーリー）
notes co.,ltd.（デベロッパ）
note（Watch App）
noteit
notecircle
noteshelf
@#/&_ ABC DEF
GHI JKL MNO 空白
☆123 PQRS TUV WXYZ 検索
a/A '"() .,?!
2 タップ

4 「入手」をタップ。

> **Check**
> ### 類似のアプリに注意
> 「note」という名前はごく一般的に使われる言葉のため、さまざまなアプリの名前にも含まれています。アイコンで「note」アプリであることを確認してからインストールしてください。

5 ダウンロードとインストールが行われる。

6 ホーム画面にアイコンが表示される。

> **Check**
> ### Androidスマホの場合
> Androidスマホでもアプリのインストール方法は同様です。Google Playからインストールします。

01-05

noteで何をやるか考える

「やってみたいこと」を少しずつ実現できる

noteを使ってこれからブログを書くのか、コンテンツを販売するのか、コミュニティを作るのか……。noteはいろいろできるからこそ、やってみたいことを整理しておくと、「洗練されたコンテンツ」になります。

テーマがあると注目度が上がる

アカウントを作成したところでひと息、これから先、自分がやること、やれそうなことを少しの時間、考えてみましょう。

もちろん、「思うがままに」記事を投稿しても構いません。日々の日記をつづるブログのような投稿も、noteの使い方の1つです。

ただ、noteを本格的に使うなら、はじめにテーマやターゲットを考えて、決めた道を進む方が、より注目を浴びる可能性が高くなります。今、noteには多くのクリエイターと、クリエイターの優良なコンテンツを求めるユーザーが集まっています。そこで、同じブログでもテーマを決めて続ければ、あなたにファンがつくかもしれません。人気のコンテンツとなり、コンテンツビジネスになるかもしれません。noteの可能性を最大限に利用するためにも、テーマを考えることがはじめの一歩です。

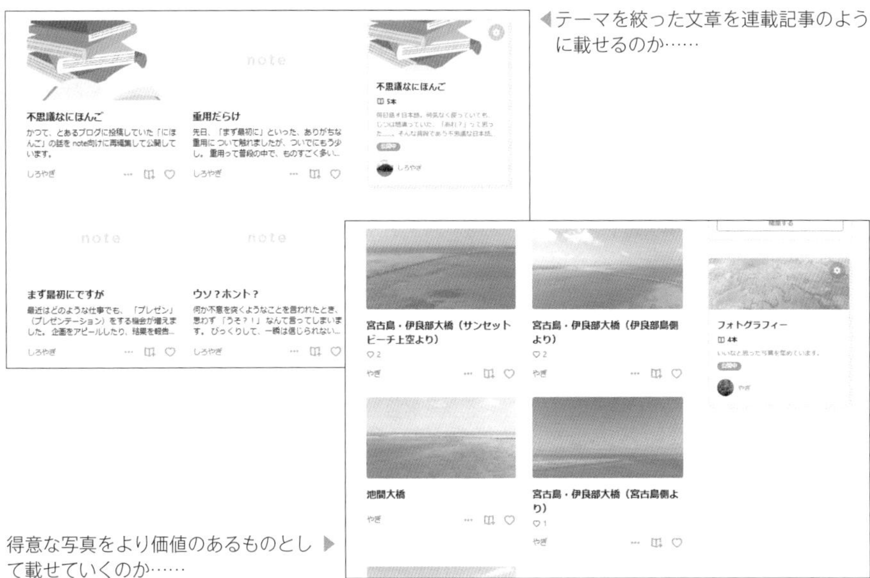

◀テーマを絞った文章を連載記事のように載せるのか……

得意な写真をより価値のあるものとして載せていくのか……▶

ふわっとしたテーマでも細かいテーマでも

テーマを考えるときに、「難しい」と思ったら、細かく絞る必要はありません。ブログでも「趣味のブログ」であれば自分の趣味全般について語ります。たとえば「話題のニュースの感想をたくさん書こう」とか、「趣味の写真を載せよう」といった程度のものでも「テーマ」として十分に成り立ちます。ニュースのジャンルを特定しなくても、写真の被写体を決めなくても、「ニュース」「写真」という1つのテーマを続けることで、充実したコンテンツになります。「テーマ」としては十分の内容です。

一方で「好きな花のことについてひたすら語ろう」とか、「最先端のIT技術を紹介したい」とか、細かいテーマもnoteに適しています。ただしはじめから細かく決めてしまうと、その道だけでずっと続けることになるので、覚悟が必要です。はじめにテーマを決めるときには、広めのテーマにしておいて、途中で少しずつ絞っていくのもよいでしょう。飽きて180度変わってしまうようなことにならないように、自分なりに続けられるテーマを決めてみましょう。

noteでどこまでやるか

noteの「はじめの一歩」は記事を見ること、そして記事を投稿することですが、すでに紹介しているように、noteでできることはもっとたくさんあります。有料コンテンツの販売、マガジンの配布、販売、コミュニティの運営……さまざまなnoteの機能から、やりたいことを選びましょう。いわば、現時点での目標です。「自分は将来的に写真を販売したい」「コミュニティを作って盛り上がりたい」のように、この先やりたいことを今、とりあえず思い描いておきます。

インターネットにコンテンツを載せ続けることはたいへんな労力が必要です。ブログを書き続ける、写真を載せ続ける……長く更新しなかったり、挫折したり、そんなことは日常茶飯事、ネットユーザーなら誰でも一度は経験してきたことです。ここで「目標」を決めるのは、そこに向かって続けようという意志を持つためです。

堅苦しいことを言いましたが、「まずは気楽に」はじめましょう。あくまで目標は「できたらいいな」ぐらいで構いません。気持ちは軽くても目標があれば、何も考えずに始めるより、内容のあるコンテンツになるはずです。もちろん使いこなしていくうちに、これもやりたい、やっぱりこれは無理、といった方針変更もあるでしょう。「コンテンツを売って副業ぐらいになったらいいな」なんて目標を持ちnoteを使っている人もいます。

Hint

どんなコンテンツがあるか眺めてみる

テーマが決まらないときには、「おすすめ」に表示される記事や、ジャンルに分かれて表示される記事を眺めてみるのもヒントになります。ただし同じことをするよりも、自分だからこそ書けることを探して、個性を出せるようにしましょう。

Chapter

02

noteで発信されている情報を楽しもう

「note」の中には、さまざまなジャンルの情報が詰まっています。ユーザーの日々をつづったブログ、社会に切り込んだコラム、生活に役立つ裏技、芸術的な作品……。多くのユーザーが「クリエイター」となり、発信しています。興味のある情報にコメントを投稿したり人にオススメしたりして、noteを楽しみましょう。

noteにログインする

通常はログインが保持されるので、必要なときに再ログインする

ブラウザーでnoteを利用するときは、ブラウザーを閉じても通常はログイン状態が保持されます。別のパソコンを使うときや、共用のパソコンでログアウトしたときなどには、再度ログインが必要です。

ログインする

1 ブラウザーでnoteを開き、「ログイン」をクリック。

2 メールアドレスとパスワードを入力して「ログイン」をクリック。

Check

ソーシャルアカウントでログイン

「Twitter」のアカウントでなどで登録した場合は、それぞれのアイコンをクリックしてログインします。

3 ログインされる。

02-02

noteからログアウトする

共用のパソコンではログアウトしておく

noteは、ブラウザーを閉じても通常はログイン状態が保持されています。共用のパソコンでは不正な利用につながるので、使い終わったらログアウトします。また、長い時間使わない場合は念のためログアウトしておきましょう。

ログアウトする

1 アカウントのアイコンをクリック。

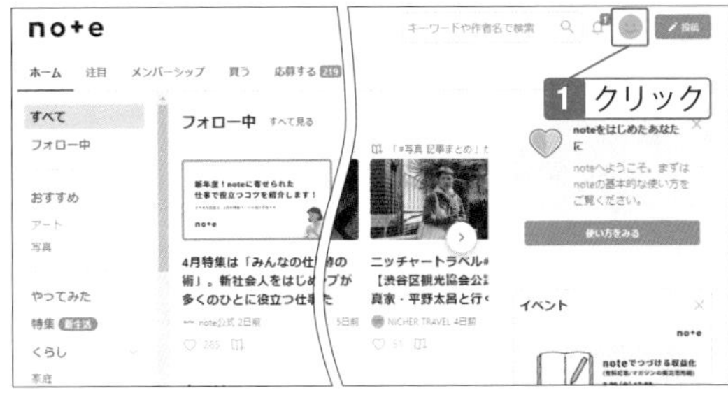

Hint

初期状態では顔のイラスト

アカウントのアイコンは初期状態で顔のイラストになっています。プロフィール設定でアイコンを変えると、自分の好みの写真やイラストを使うことができます。

2 「ログアウト」をクリック。

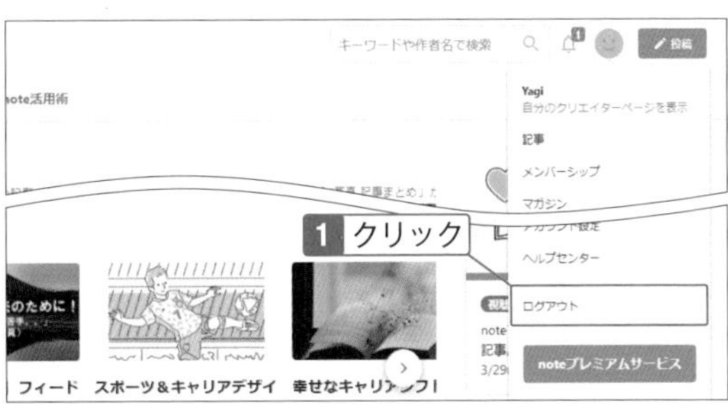

3 ログアウトされる。

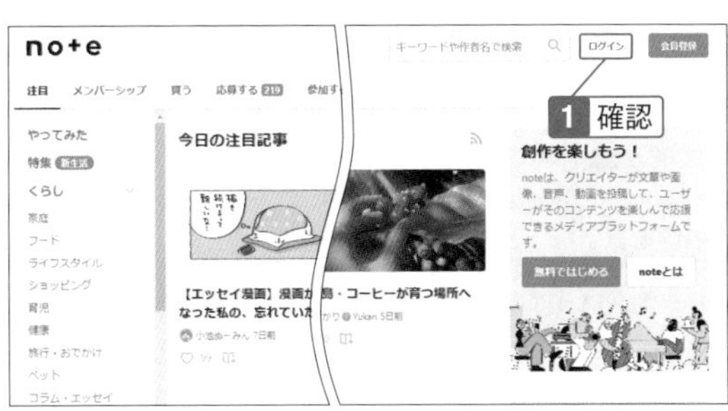

02-03

掲載されている記事を読む

シンプルなデザインで読みやすい記事

noteには無数ともいえる情報が掲載されています。どの記事もシンプルなデザインで読みやすく、興味を持った記事があれば気軽に開き、わずかな時間でも情報を集めやすいように書かれています。

記事を開いて読む

1 読みたい記事の見出しを見つけてクリック。

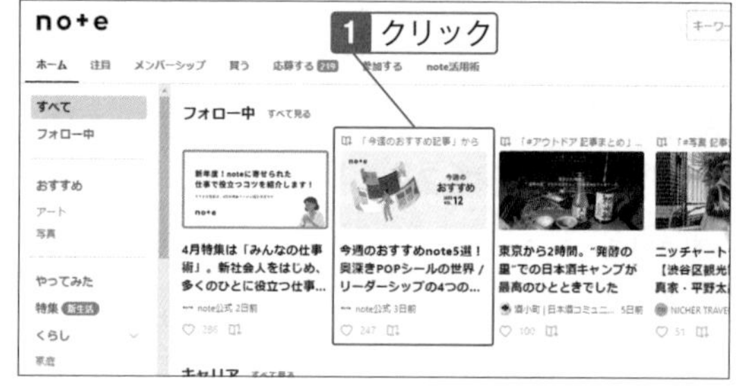

Hint

クリックは記事全体のどこでもよい

記事をクリックするときは、写真やタイトル、表示されている本文の一部のどこでも構いません。マウスポインターを合わせると背景が薄いグレーになり、その範囲であればどこをクリックしても記事を開けます。

2 記事が表示される。

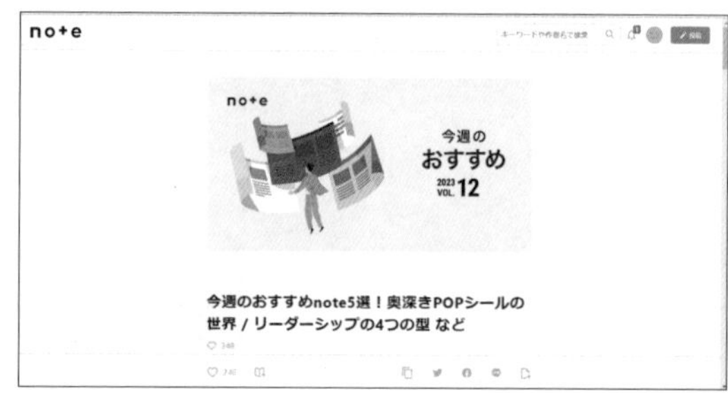

3 スクロールしたり表示倍率を変えて記事を読む。

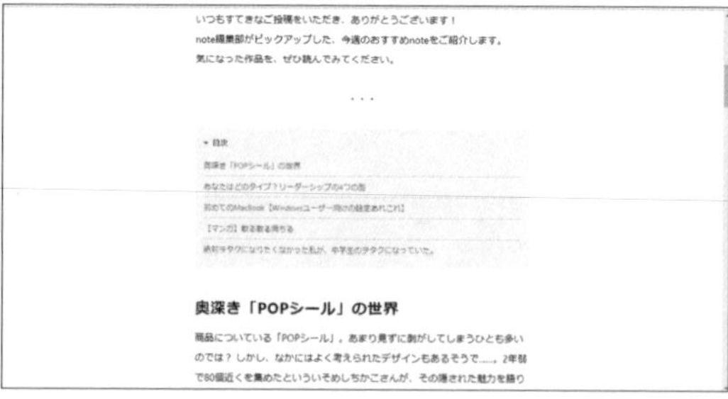

Hint

適度な幅で表示される

noteの記事は、見出しのときも内容を表示したときも、いずれも適度な幅で表示されます。ブラウザー画面いっぱいに表示されることがなく、読みやすい幅に自動調整されます。

02-04

カテゴリで記事を探す

noteの記事はカテゴリで分類されている

noteの記事は、カテゴリで分類されています。「とりあえずどんな記事があるか見てみたい」ときは、興味のあるカテゴリを選んで、読みたい記事を探してみましょう。最新の記事からトピックを見つけられます。

興味のあるカテゴリから記事を読む

1 カテゴリをクリック。

2 カテゴリで分類された記事が表示されるので、記事をクリック。

Hint

「人気」と「新着」で分類

カテゴリの記事は「人気」と「新着」で並べ替えられます。よく読まれている記事は「人気」で表示されるので、注目されている話題を見つけられます。

3 記事が表示される。

Hint

「おすすめ」から選ぶ

アカウントを登録するときに興味のあるジャンルを選択すると、そのジャンルが「おすすめ」としてカテゴリに表示されます。

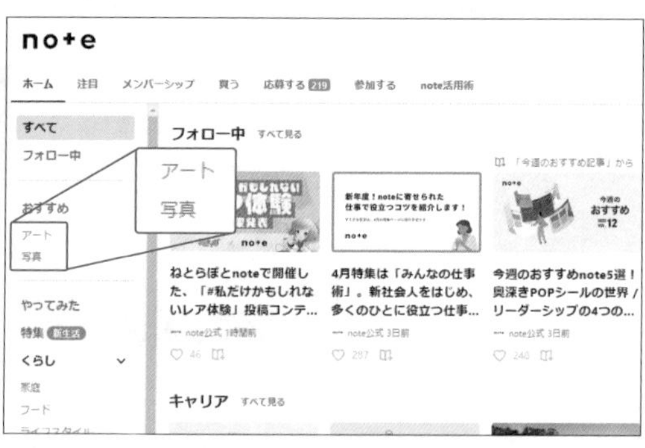

Hint

注目の記事を読む

「注目」をクリックすると、「今日の注目記事」が表示されます。今のトレンドやその日に盛り上がっている話題の記事を読むことができます。

キーワードや投稿者で記事を検索する

キーワードは完全一致以外にも、関連のある内容やユーザーから検索できる

記事をキーワードや投稿者の名前で検索すれば、見たい記事を簡単に探すことができます。特にキーワード検索では完全一致だけではなく、キーワードと関連する内容やユーザーの記事など、幅広く検索されます。

キーワードや投稿者名で検索する

1 検索ボックスをクリック。

Check

過去に検索したことがあるとき

過去に検索したことがあるキーワードがある場合、検索アイコンをクリックすると検索履歴が表示されます。同じキーワードの検索は、検索履歴から簡単にできます。

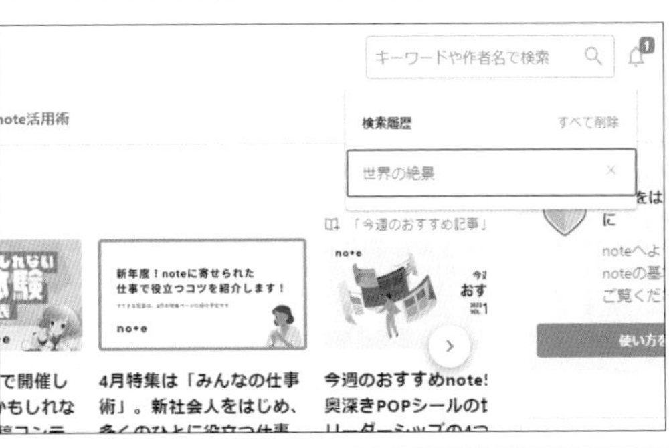

2 キーワードを入力し、「検索」アイコンをクリック。

Hint

関連するユーザーが表示される

キーワードを入力すると、関連するユーザーが表示されます。ユーザーをクリックするとそのユーザーのnoteが開き、記事の一覧を表示できます。

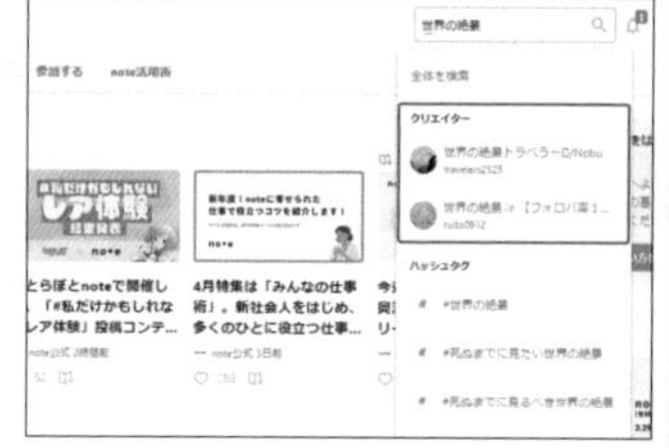

3 キーワードに関連する記事が表示されるので、読みたい記事をクリック。

4 記事が表示される。

02-06

まとめから記事を探す

よく読まれている記事のまとめで最新の話題がわかる

noteには「まとめ」機能があります。共通のハッシュタグの記事をまとめて見られるので、最新の話題を簡単にチェックできます。noteの記事だけを集めた「まとめサイト」のような機能で、多くのユーザーが「まとめ記事」を作っています。

ハッシュタグでまとめられた記事から探す

1 「注目」タブを表示して画面をスクロール。

2 興味のある記事まとめをクリック。

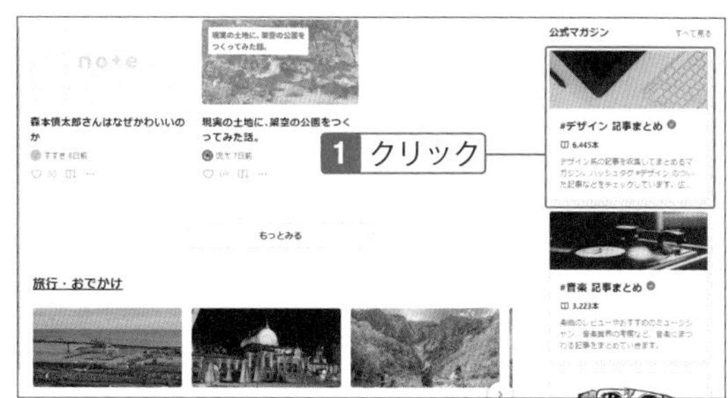

Check

ハッシュタグでまとめられている

まとめは「ハッシュタグ」と呼ばれるキーワードが付いた記事を集めています。ハッシュタグで検索しても同じように話題を探せますが、まとめはnoteが独自のルールで「おすすめ」として紹介している記事が集められていますので、より関心を集めている話題を探すことができます。

3 記事がまとめられているので、読みたい記事をクリック。

02-07 「おすすめ」から記事を読む

注目の記事や人気の記事をnoteの編集部が選ぶ

noteが独自に選んだ「おすすめ記事」には、注目されている話題や人気の記事が掲載されています。「おすすめ記事」にはさまざまなジャンルが掲載されていますので、知見を広めることにも役立ちます。

おすすめ記事を読む

1 「おすすめ」のカテゴリをクリック。

Hint

「おすすめ」は毎日更新

「おすすめ」に表示される記事は毎日更新されます。「おすすめ」を見るだけでも、その時の流行の話題など、新しい情報が手に入ります。

2 スクロールして記事を選ぶ。

3 記事をクリック。

4 記事が表示される。

Hint 「おすすめ」は note編集部の提案

「おすすめ記事」には「note編集部」が厳選した記事を掲載しています。おすすめ記事に掲載されれば多くの人が読むことになりますので、自分が記事を投稿するときのテーマや内容を決めるための参考にもなります。

Hint 「note公式」ユーザー

noteのユーザーの中に「note公式」というアカウントがあります。ここには「今週のおすすめ記事」など、note編集部が厳選した記事が多く掲載されています。

特定の掲載時期から話題を探す

ニュースや流行が起きた年月を頼りに記事を探す

noteが選んだ「注目記事」は掲載時期で検索できます。過去にさかのぼった時期の話題を振り返り、過去のできごとの資料となる情報を探す、今の話題の検証に活用するといったことにも役立ちます。

カレンダーから記事を探す

1 「注目」を表示し、画面を下にスクロール。

2 表示する月をクリック。

3 その月の注目記事が表示される。

⚠ Check

カレンダーは2015年7月から

noteは2014年4月にサービスを開始していますが、注目記事の掲載は2015年7月からはじまりました。

02-09

やりたいことで記事を探す

大きな分類から目的にあった記事を読む

noteの記事はカテゴリ分類の他に、大きな分類で分けられています。この分類では、メンバーシップやマガジン、販売（ショッピング）といったnoteで利用できる機能に分かれています。記事以外にも、イベントの告知やコンテストの募集なども掲載されています。

noteの機能による分類から探す

1 見たい分類をクリック。

2 上部には注目の記事が表示される。画面をスクロール。

Check

分類の中に注目や話題がまとめられている

分類を選択すると、上部には特に話題の記事が表示されます。スクロールすればすべての記事から注目されている記事、最近の記事が表示されます。

3 分類に属する記事が表示される。

ハッシュタグから記事を探す

noteでもTwitterのようなハッシュタグを使って検索できる

noteでも他のSNSと同じように「ハッシュタグ」が利用できます。noteのハッシュタグはTwitterのハッシュタグと同じ「#」を付けたキーワードで、いま多くのユーザーが投稿している話題は「トレンドハッシュタグ」で探せます。

人気のハッシュタグで記事を探す

1 検索ボックスに「#」を入力。

2 キーワードを入力。

Note

「タグ」と「ハッシュタグ」

SNSでは検索しやすくするためのキーワードに「タグ」と「ハッシュタグ」という2つの言葉が使われていますが、機能としては同じものです。タグの中で特に冒頭に「#」(ハッシュ記号)が付くものを「ハッシュタグ」と呼んでいます。noteでも冒頭に「#」を付けて使うため、「ハッシュタグ」と呼びます。

3 ハッシュタグをクリック。

Hint

表示される記事の順序を変える

ハッシュタグで検索した記事は、「人気」「急上昇」「新着」「定番」の4つから選んで並べ替えることができます。

4 読みたい記事を探してクリック。

Hint

関連するハッシュタグ

ハッシュタグで検索した記事の画面には、関連するハッシュタグが表示されます。この関連するハッシュタグをクリックして、さまざまな話題の記事を読むことができます。

5 記事が表示される。

Hint

トレンドハッシュタグを表示する

ホーム画面をスクロールすると、右側にいま多くのユーザーが投稿している「トレンドハッシュタグ」が表示されます。

02-11

投稿者をフォローする

興味ある投稿者をフォローすれば新着記事を逃さない

noteでも他のSNSと同じようにユーザーをフォローすれば投稿を見逃しません。著名人やプロ作家も多数noteに投稿していますので、興味のあるユーザーを見つけたらフォローして、投稿をチェックしましょう。

ユーザーをフォローする

1 記事を表示してユーザーをクリック。

2 「フォロー」をクリック。

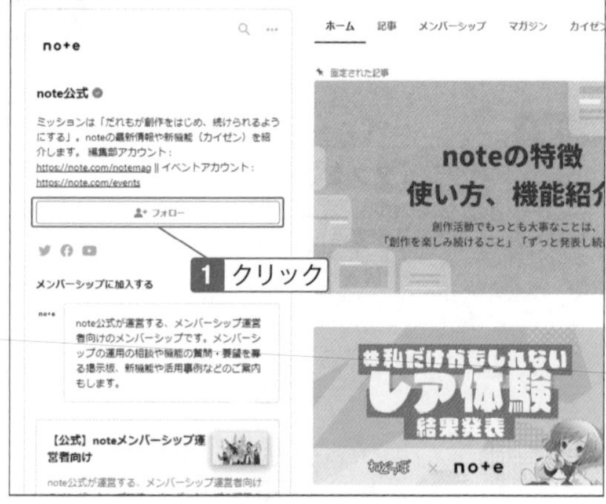

Note

「フォロー」する人が「フォロワー」

あなたがユーザーをフォローすると、フォローされたユーザーにとってあなたは「フォロワー」となります。フォロワーの数は人気を示す1つの指標になります。

3 「フォロー中」に変わる。

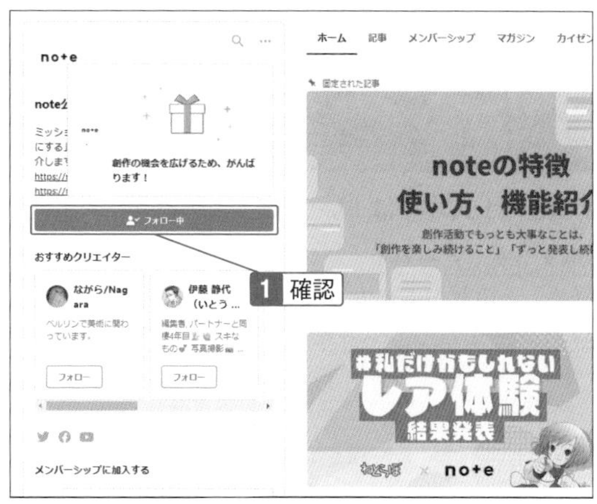

4 フォローしているユーザーの投稿が「ホーム」画面の「フォロー中」に表示される。

⚠Check

フォローしたことが相手に伝わる

ユーザーをフォローすると、フォローしたことが相手のユーザーに通知され、相手のクリエイターページなどにフォロワーの数としてカウントされます。誰がそのユーザーをフォローしているかも公開されます。

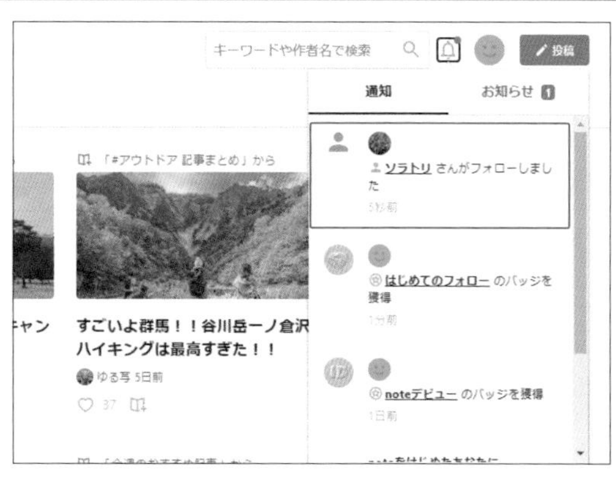

02-12

気に入った記事に「スキ」を送る

noteの「スキ」は「いいね！」の機能

SNSで多く見られる「いいね！」は、noteでは「スキ」と呼ばれます。記事に「スキ」を送ると、その記事がよかったことを相手に簡単に伝えられます。「いいね！する」に対しては、「スキを送る」「スキを付ける」のように言います。

任意の記事に「スキ」を送る

1 記事を表示して、「スキ」をクリック。

Check

アイコンはハートマーク

「スキ」のアイコンはハートマークで表示されています。「スキ」を付けるとハートが赤くなります。

2 「スキ」が送られる。

Hint

記事を最後まで読んでからスキを送る

記事の最後にも「スキ」のボタン（ハートマーク）があります。記事を読み終わってそのまま「スキ」を送りたいときには、記事の最後の「スキ」を利用するとすばやく送れます。

送信した「スキ」を取り消す

1 「スキ」をクリック。

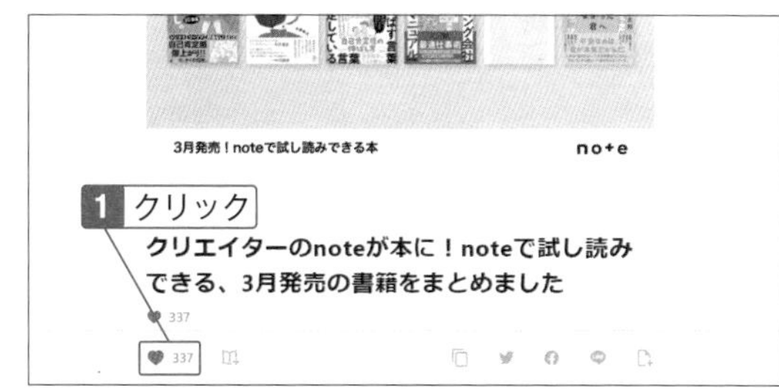

2 「スキ」が取り消される。

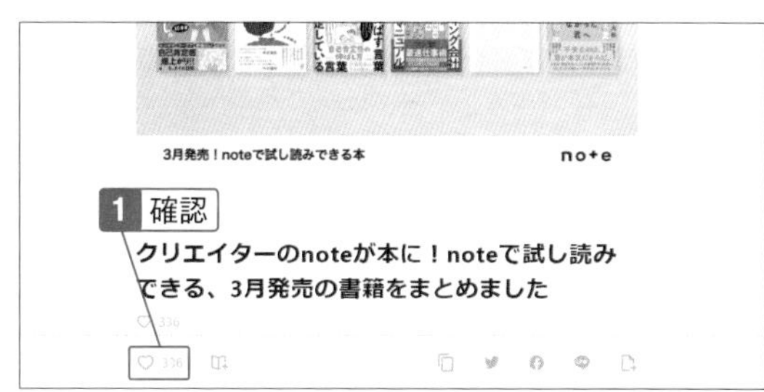

コメントに「スキ」を送る

1 コメントを表示して、「♡」（スキ）をクリック。

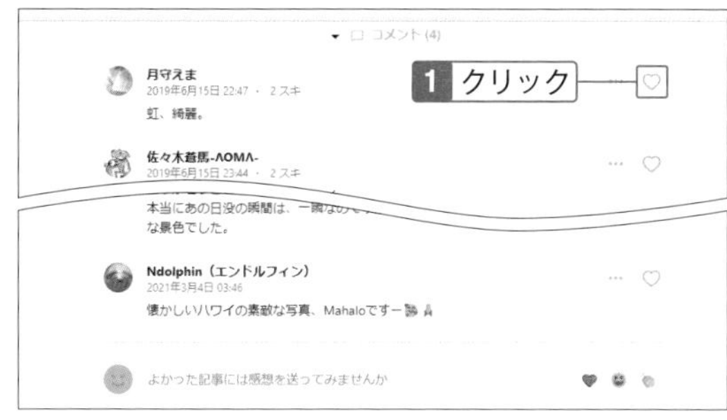

2 「スキ」が送られる。

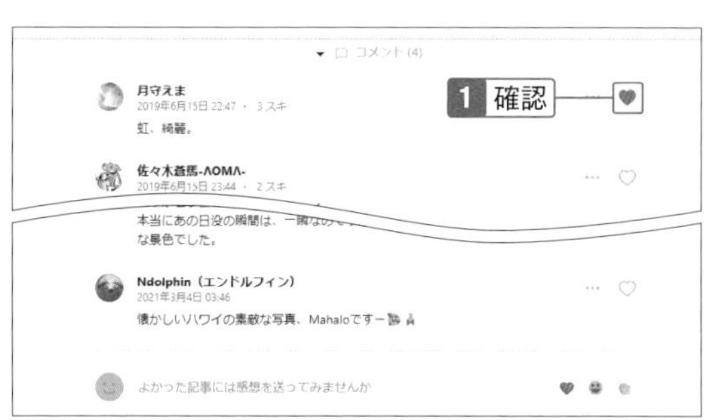

02-13 記事にコメントを送る

コミュニケーションはコメントからはじまる

noteの記事にコメントで感想を送ればコミュニケーションがはじまります。感じたことを伝えれば、投稿者の励みにもなるでしょう。もちろん良識を持って、心地よいコミュニケーションを楽しみましょう。

読んだ記事にコメントを投稿する

1 記事を下にスクロール。

2 コメント欄をクリック。

Check

コメント欄がない

投稿者がコメントを許可していない場合、コメント欄が表示されません。その投稿者の記事はすべて、誰もコメントできないようになっています。代わりに「スキ」を送りましょう。

3 コメントを入力し、「送信」をクリック。

4 注意事項を確認してチェック。

> **Check**
>
> **確認は1回のみ**
>
> コメントの投稿前に表示される確認のメッセージは最初の1回のみです。

5 「投稿」をクリック。

6 コメントが投稿される。

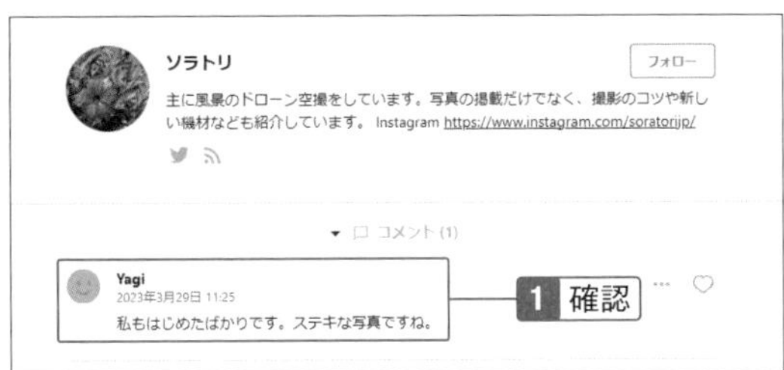

> **Hint**
>
> **コメントすると相手に通知が届く**
>
> 記事にコメントを送ると、記事の投稿者に通知が届き、コメントを確認してもらいやすくなります。

02-14

送信済みのコメントを編集する

送信したコメントの修正は、内容に十分に配慮して

他のユーザーの記事に送信したコメントは、あとから修正できます。ただし修正する前にコメントを読んでいるユーザーもいますので、修正の前後で誤解を生むことのないように、内容には十分に配慮しましょう。

コメントを修正する

1 自分が送信したコメントを表示し、「…」をクリック。

Check

修正前に読まれていることもある

コメントを修正しても、修正前に元の記事を見た人には読まれている可能性があります。誤解を生まないためにも、コメントを送る前に十分に確認して、できるだけ修正がないようにしましょう。

2 「編集」をクリック。

3 コメント欄が入力可能な状態になる。

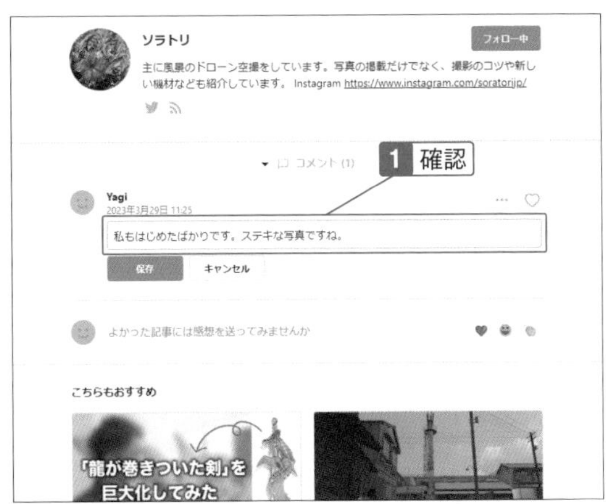

4 コメントを修正し、「保存」をクリック。

5 コメントが修正される。

Check

修正は通知されない

コメントが修正されても、特に通知はされません。また修正されたことが表示されたり、履歴が保存されたりすることもありません。

送信済みのコメントを削除する

コメントの削除は必要最低限にとどめる

自分で送信したコメントは削除できます。ただしコメントを削除すると、相手がなぜ削除したか疑問に思うこともあります。コミュニケーションを壊さないように、誤って送信したときなど、必要最低限にとどめましょう。

コメントを削除する

1 自分が送信したコメントを表示し、「…」をクリック。

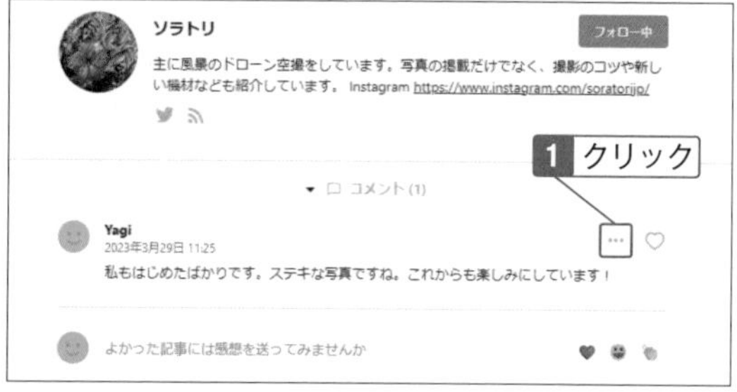

Check

削除できるのは自分が送信したコメントのみ

削除できるコメントは、自分が送信したものだけです。他のユーザーが送信したコメントは削除できません。

2 「削除」をクリック。

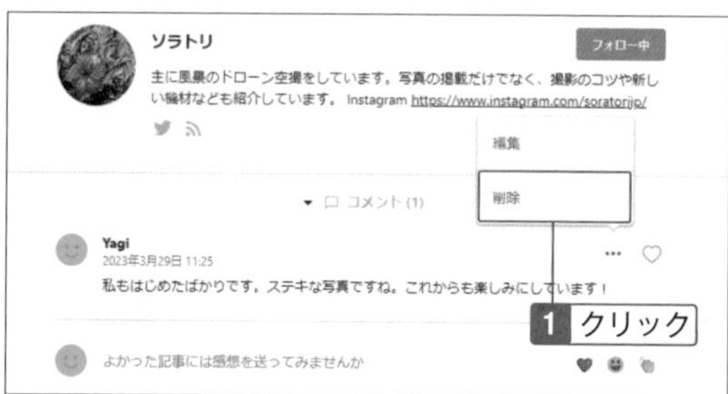

3 「削除する」をクリックすると、コメントが削除される。

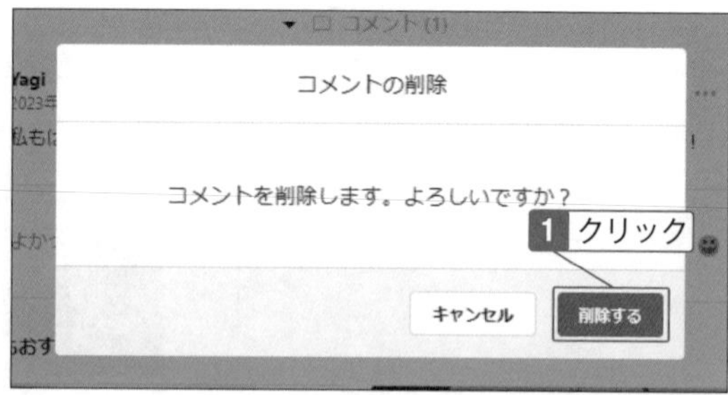

Check

削除したコメントは戻せない

コメントを削除すると、元に戻すことはできません。「ごみ箱」のような機能はありませんので、コメントの削除は慎重に行ってください。

Chapter

03

noteで発信する準備をして、最初の投稿をしてみよう

「note」は見るだけでも役に立つ情報がたくさんありますが、参加することで、より楽しめるようになります。その第一歩は「記事を投稿すること」からはじまります。テーマやこれからやりたいこと、クリエイターになる近未来像などを考えながら、まずは簡単なことから、noteの投稿をはじめてみましょう。

03-01

noteで情報を発信する

まずは無理のない範囲で続けつつ、「自分の分野」を絞っていこう

noteに掲載されている情報は、雑談のような話題から役立つ詳しい情報まで多岐にわたります。しかも誰でも簡単に発信できます。その中に自分も参加し、情報を発信し、クリエイターの第一歩を踏み出しましょう。

まずは情報発信を続ける

noteの記事を読んでいると、どのような情報が発信され、またどのような記事が注目されているのか、少しずつ雰囲気がわかってきます。そこでここからは、自ら発信者となって、noteに情報を投稿していきましょう。

と言っても、いきなりプロのクリエイターとして活躍するのは難しい話です。誰でもできることから簡単にはじめられるのもnoteの特徴なので、まずは自分の興味がある、あるいは得意な分野の話題で、ブログを書くように気負わず投稿してみましょう。noteではTwitterやInstagram、YouTubeのように毎日投稿しなければ注目されないといったプレッシャーもありません。なぜならnoteでは記事の内容によって、noteがおすすめにピックアップしてくれるからです。「量よりも質」を目指して、自分のペースで、ただしあまり間隔を開けず、投稿を続けることからはじめましょう。

◀投稿の「はじめの一歩」は、「これからはじめます」という「note参加宣言」はいかがだろうか。

分野を絞っていく

noteに投稿する記事は、日々のブログのような「思うがままに」つづることも間違いではありません。実際にnoteを日記のように使っている人もたくさんいます。

ただ、もし少しでも多くの人に情報を発信したいと思うのであれば、分野を絞った方が成功に近づきます。自分が詳しい分野や、極めている趣味の分野、あるいは毎日の仕事と関連する分野など、自分が詳しく、好きだったり興味がある分野の記事を投稿すれば、飽きずに続けることもできるでしょうし、他の人にとっても詳しく役立つ記事になるはずです。いきなり決めることができないのであれば、はじめのうちは思いつくことを書いていてもよいでしょう。書いていくうちに少しずつ分野を絞っていけばよいのです。

noteで注目されている多くの記事は、投稿者を見ると特定の分野に絞って投稿していることがわかります。

▲ホーム画面左側に表示されるnoteのジャンル分け一覧も参考になる。

▲文章だけとは限らない。「写真が得意」なのであれば、写真だけのnoteでも立派なコンテンツになる。

note IDを変更する

「note ID」は自分専用のURL

noteで記事を読むことから一歩進み、自分の記事を投稿したり、写真や動画を販売したりするには、「note ID」が必要になります。「note ID」は自分専用のURLに使われ、いわば「自分の場所」を示す大切なIDです。アカウント作成時に「note ID」をとりあえず決めたのであれば、noteでやることに合うIDに変更ができます。

任意の「note ID」に変更する

1 ログインした状態でアイコンをクリック。

2 「アカウント設定」をクリック。

3 「note ID」の「変更」をクリック。

Check

note IDとURL

note IDを作ると、自分専用のURLが使えるようになります。URLとnote IDの関係は次のようになります。

とてもシンプルなURLなので覚えやすいことが特徴です。

https://note.com/(note ID)/

4 変更するIDを入力し、「変更する」をクリック。

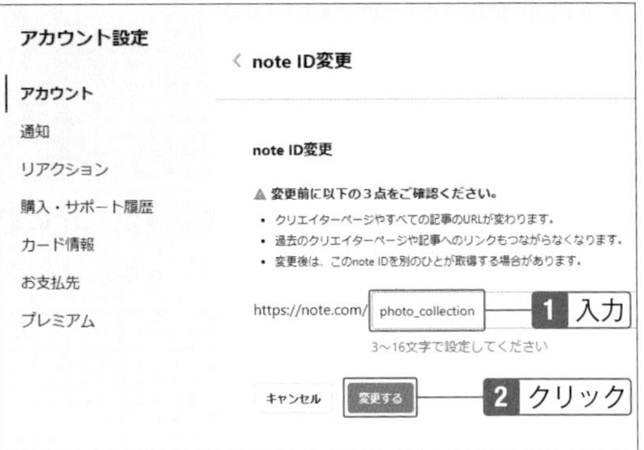

Check

重複している場合は使えない

note IDは、すでに使われているものは登録できません。英数字とアンダースコア（ _ ）を組み合わせるなどして、登録されていないものを考えます。

https://note.com/ photo_gallery
「photo_gallery」はすでに使用されています。
3〜16文字で設定してください

5 「変更する」をクリック。

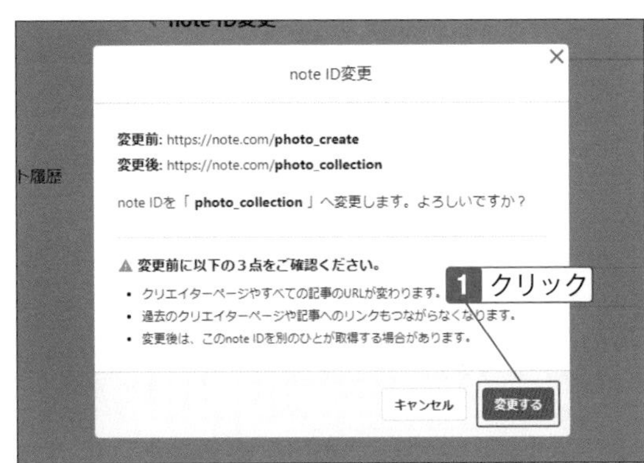

6 note IDが変更される。

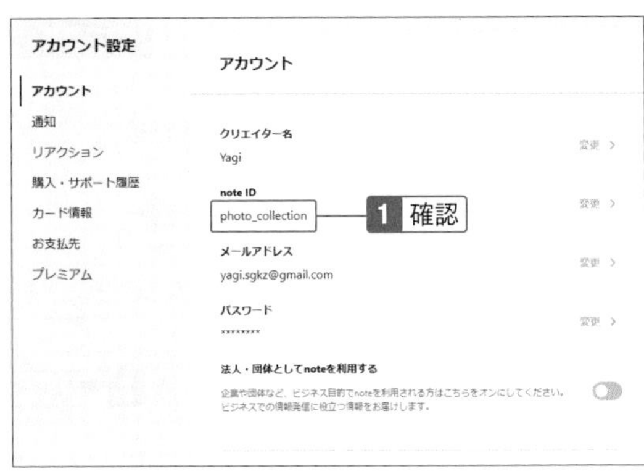

03-03

自己紹介を作成する

プロフィールに表示するのは自己紹介の文章だけ

自分を知ってもらうためのプロフィールを作成します。と言ってもnoteのプロフィールはいたってシンプル、簡単な自己紹介を書くだけです。好きなことや投稿のテーマなどを書きましょう。

プロフィールを書く

1 アイコンをクリック。

Check

プロフィールはシンプル

noteではプロフィールに掲載する内容はシンプルで、基本的に「短い自己紹介文」だけになります。詳細な個人情報は必要ありません。

2 アカウント名をクリック。

3 「設定」をクリック。

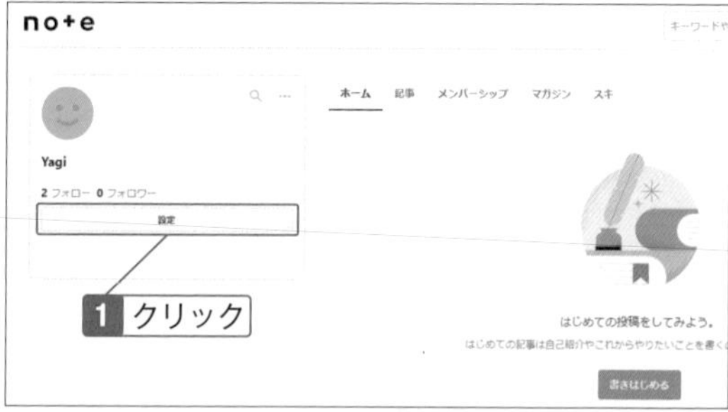

4 「あなたの自己紹介を書きましょう」をクリック。

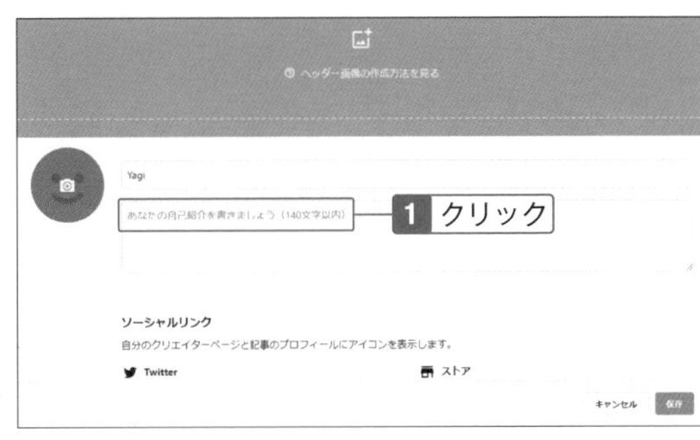

5 自己紹介を入力。

Check

自己紹介は140文字以内

noteの自己紹介は140文字までしか入力できません。自己紹介には、いろいろなことを書いてアピールしたくなりますが、この場所ではもっとも伝えたいことに絞りましょう。

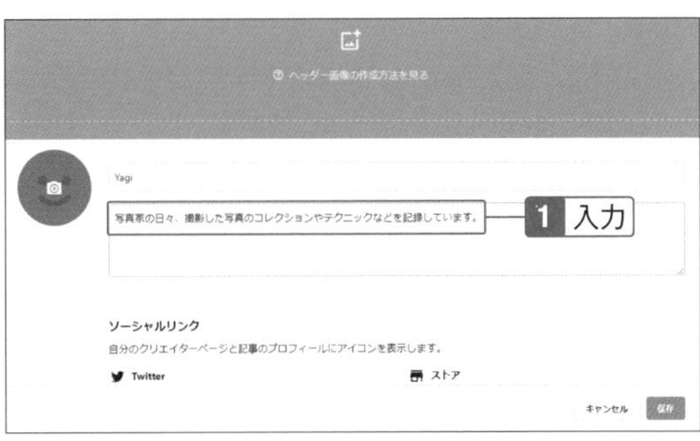

6 「保存」をクリック。

Hint

プロフィールは職業や経歴よりもテーマ

プロフィールと言えば、職業や経歴などを書きたくなりますが、noteのプロフィールには好きなことや投稿のテーマを書いた方が、他のユーザーにとって「noteで何をしているのか」が伝わります。

7 自己紹介が登録される。

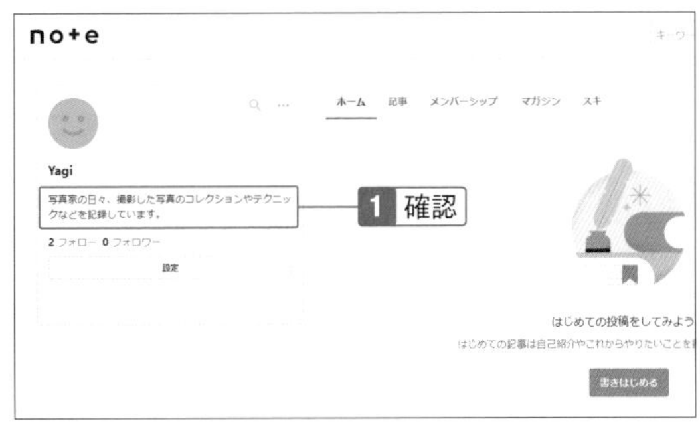

ヘッダー画像を登録する

プロフィール画面に表示されるヘッダー画像は目立たせよう

プロフィール画面では大きな画像を表示してアピールできます。自分のnoteのテーマに関するイメージや、得意なイラスト、傑作の写真といった自分ならではのものを載せると効果的なアピールになります。

プロフィール画面にヘッダー画像を登録する

1 アイコンをクリック。

Hint

画像でイメージをアピール

noteはプロフィールがシンプルな分、画像から感じるイメージが効果を発揮します。投稿する記事のジャンルなど、イメージに合った画像を登録しましょう。

2 アカウント名をクリック。

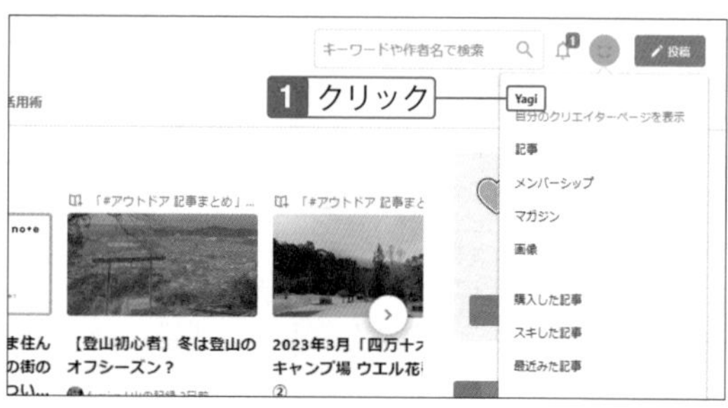

3 「設定」をクリック。

4 ヘッダー部分のアイコンをクリック。

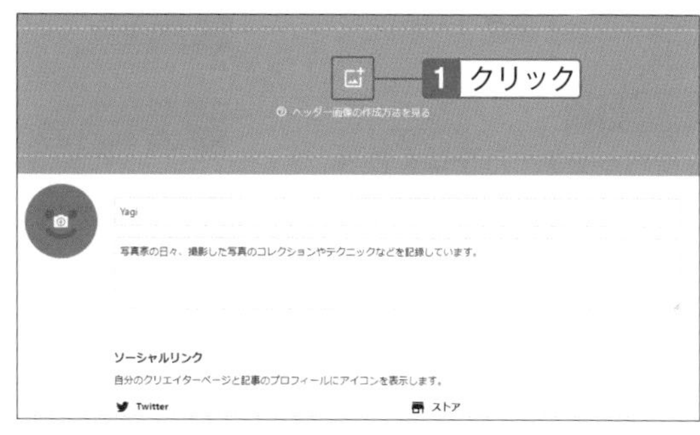

5 ヘッダー画像に使う写真を選択し、「開く」をクリック。

Check

画像はファイルサイズが小さめのものを用意

ヘッダー画像に使える画像は、サイズが10MB以下に制限されています。スマホやデジカメで撮影した写真でも、最近の高性能な機種では10MBを超えてしまいますので、あらかじめ写真加工アプリなどでサイズを小さくしておきます。サイズが大きい画像をアップロードしようとするとエラーメッセージが表示されます。

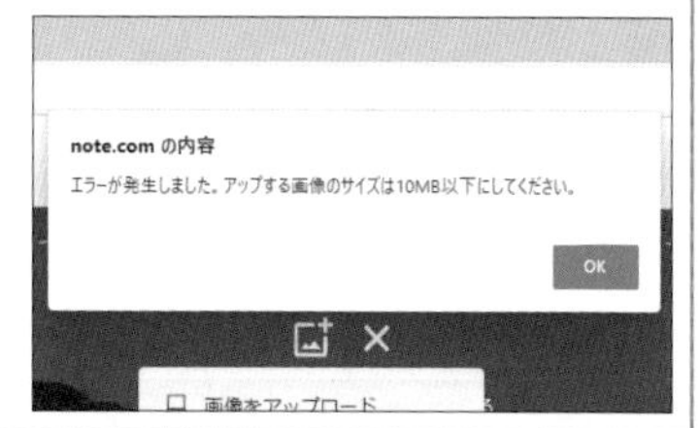

6 切り抜く部分を調整する。

Check

切り抜く部分の調整

ヘッダー画像で表示される部分は横長になります。領域を変更するにはスライダーをドラッグします。また、位置を調整するには表示される領域をドラッグします。

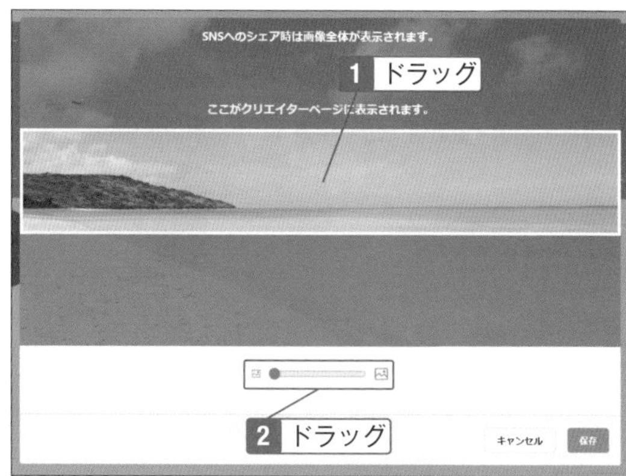

7 「保存」をクリック。

Check

SNSシェアでは全体を表示

プロフィールに表示されるヘッダー画像は細長くなりますが、記事がSNSにシェアされたときには全体が表示されます。切り抜く部分だけでなく、全体が見られてもよい画像を使いましょう。

8 ヘッダー画像が組み込まれる。

9 「保存」をクリック。

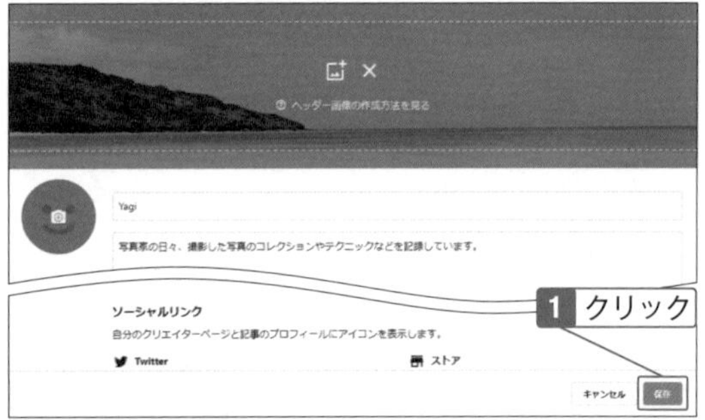

10 ヘッダー画像が登録される。

03-05 プロフィール写真を登録する

実際の顔写真でなくてもOK。個性をアピールしよう

プロフィールに写真を登録すると、投稿した記事などにもアイコンで表示されるようになります。必ずしも自分の顔写真である必要はなく、好きな写真やイラストなどをプロフィール写真に使って、個性を出しましょう。

記事などに表示されるアイコン写真を登録する

1 アイコンをクリック。

2 アカウント名をクリック。

⚠ Check

顔写真でなくてもOK

プロフィールに使う写真は、自分の顔写真である必要はありません。好みの写真やイラストを使えます。

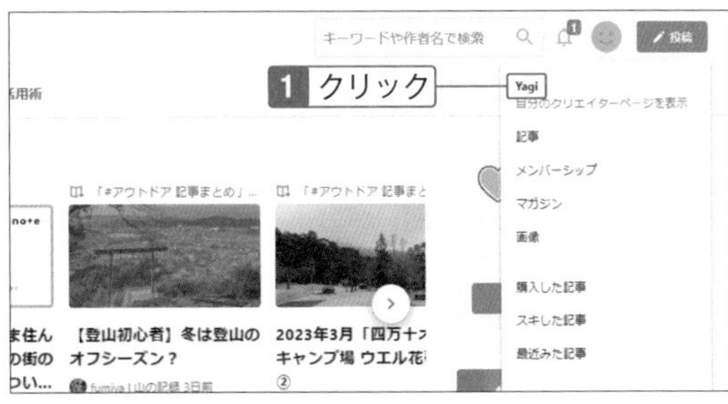

3 「設定」をクリック。

4 アイコンをクリック。

5 カメラのアイコンをクリック。

6 アイコンに使う画像を選択し、「開く」をクリック。

7 切り抜く部分を調整し、「設定」をクリック。

Check

切り抜く部分の調整

領域を変更するにはスライダーをドラッグします。また、位置を調整するには表示される領域をドラッグします。

8 「設定」をクリック。

9 アイコンに画像が表示される。「保存」をクリック。

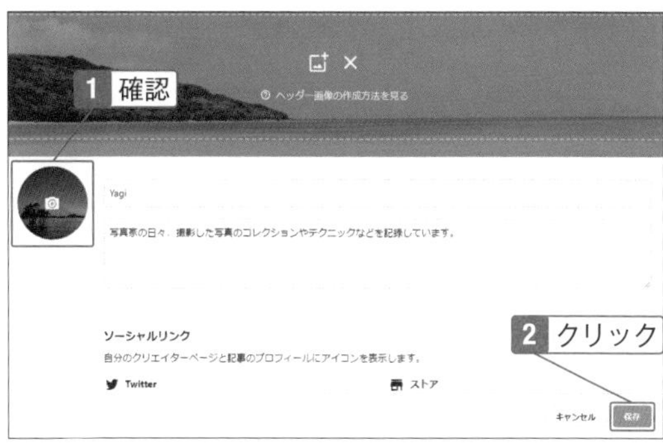

10 アイコン画像が登録される。

Check

転用はNG

アイコンに使う画像は自分が撮影した写真や自分で作成したイラストなどを使いましょう。インターネットから検索してダウンロードした画像を使うと、著作権を侵害する可能性があります。有名人など他人の顔写真を使うことも肖像権の侵害になります。

他の人が撮影した写真や他の人が作成した画像を使う場合は、所有者に許可を取る必要があります。

Hint

バッジを獲得

アイコン画像、ヘッダー画像、自己紹介の3項目を設定するとバッジを獲得できます。このようにnoteではさまざまな場面で「自分がやった」ことを証明するバッジを獲得でき、モチベーションアップにもつながります。

03-06

コラムや小説を発信する

ブログより一歩進んだ投稿を考えてみる

note IDやプロフィールの登録ができていれば、あとはいつでも投稿できますが、せっかくなので今一度、投稿する記事や発信する情報について、心構えや必要なものなどを考えてみましょう。

文字が主体の投稿でまとめる

「文章を書くのが好き」なのであれば、文字が主体の投稿を考えてみましょう。

文字で発信する情報では、まずはブログが考えられます。ブログであれば日々の思いついたことを書いていけば、誰でも簡単にはじめられ、好きなときに更新して、続けられます。

ただせっかくnoteを使うのであれば、ブログだけにとどまるのはもったいないかもしれません。もう少し進んで、文字で作れる「コンテンツ」を考えてみましょう。

文字情報の1つにコラムや小説といった、少し長めの文章からできるコンテンツがあります。コラムや小説を発信する場合、多くは「文字の情報」ですが、ブログと違うのは1つのテーマで続けることです。

コラムは一般的に「何かに対する評論・コメント」のように、1つの題材を取り上げて自分なりの考えをつづる記事です。小説は、社会や事件、人物などのテーマについてつづられた文学の1つです。この他「エッセイ」「随筆」「詩集」などさまざまありますが、いずれも読者の興味を引くものです。

「小説家にあこがれていた」「文筆家をはじめてみたい」と思うのであれば、この機会にnoteではじめてみましょう。もちろん1つの作品をすべて一度に載せる必要はなく、少しずつ載せて「連載」するのも楽しめます。これまで出版社の目にとまるとか、コンテストに入賞するなどの機会がなければ難しかったことも、noteでは簡単にはじめられます。

「小説なんて難しい」「でも文章を書くのが好き」と思うのであれば、コラムがおすすめです。コラムならば好きなことを一話完結で、好きな分だけ書けばよく、ハードルは低くなります。一方でコラムニストという職業があるくらいでプロが存在する分野です。テーマは得意な分野で構いません。新製品の紹介や自分が見つけた美味しい食材のように、旬の話題を探して、論評してみたり、もっと気軽に自分の思いを語ってみたりすればよく、数がまとまってくれば立派なコンテンツになります。

いずれにしても「どこにでもあるブログではない」「コンテンツを作っている」ぐらいの内容を考えながら発信すると、noteの読者は広がるはずです。

◀ 小説家で知られる吉本ばなな氏のnote。

文字が主体の記事に必要なもの

文字の情報であれば、特別な機材やデータなどは必要なく、極端なことを言えばスマホ1台でもあれば続けられます。それよりも大切なのは発想力や調査力、取材力かもしれません。1つのネタを探し出し、自分なりに深掘りすれば、役立つ情報になります。読者は興味を持って読んでくれるでしょう。一方でどこのネット記事にも書いてあるような内容では、ネットの情報の中に埋もれ、誰の目にもとまらないかもしれません。そのためにも、自分が強く興味を持っているテーマを選ぶことがポイントです。

「話題になっていることについて、何でもかんでも書く」のでは、興味のない話はきっと深掘りできません。その結果、なんとなくネットで見た記事と同じような内容になってしまいます。「とにかく注目されたいから毎日多くの話題を取り上げる」ような投稿はTwitterのようなSNSが適していて、noteには適していません。noteでは、「厳選した話題を深く掘り下げる」ような情報を探し、調べ、書くことに適しています。自分が好きで興味を持つことについて、じっくりと書きましょう。

◀「人にノウハウを伝える」noteも多い。

写真や音声を発信する

インスタとは一味違う「コンテンツ」の発信

「記事の投稿」と言えば文章を思いつきますが、noteの活用方法の１つに「写真や音声」の投稿があります。写真や音声は人の興味を引くコンテンツとして人気がありますが、noteでは文章と同じように「テーマ」が大切です。

「メディアコンテンツ」に発展させる

「写真を撮ることが好きで、本格的に取り組みたい」。このような人にもnoteは最適な作品発表の場所です。写真や音声は、InstagramやYouTubeで公開する方法もあり、数多くのプロフェッショナルが活躍していますが、noteでは１つのテーマに則ったコンテンツとして整理し、発表できます。InstagramやYouTubeでは、フォロワーやチャンネル登録を増やすにもなかなか難しいのが現実です。それは無数のユーザーがいて、ありとあらゆるジャンルのコンテンツであふれているからです。もちろんそれは、InstagramやYouTubeで欲しい情報が見つかるメリットでもありますが、その中に飛び込んで、注目されるようになるには、かなりの企画力や計画性、速報性が必要になります。

◀「写真」で検索するとさまざまな「作品」が見つかる。

一方でnoteは、次々と掲載されるコンテンツがすぐに過去のものなってしまうことがありません。内容によっては「おすすめ」にも表示されますし、しばらく続けて、コンテンツの数がまとまってきてから注目されることも多々あります。noteは、自分の作品発表の場所としてじっくり取り組めます。あふれる情報に埋もれることを避け、より充実した内容を発表したいというクリエイターが今、noteに集まってきていることも事実です。

たとえば、これまで花の写真を撮り溜めてきたのであれば、その写真１枚１枚をもう一度整理し、花のことを調べ、写真にタイトルを付け、自分の思いを乗せて、１週間に１枚ずつ発表していくのはどうでしょうか。とにかく「いいね！」が欲しいから、拡散してほしいからと毎日追われるよりも、自分の作品として作り上げる楽しみが見つかるはずです。そしてその「毎週の１枚」を楽しみにしてくれるファンが現れ、増えていくかもしれません。

写真や音声の投稿に必要なもの

写真や音声の投稿に必要なものは、まずそれらを撮影・収録する機器と、それを編集するアプリです。もちろん撮影したままの写真や音声を掲載することもできますが、noteで作品作りにじっくり取り組むためにも、編集するアプリがあるとよりレベルアップできます。

とは言っても、難しく高価なアプリを使う必要はなく、写真であれば大きさを変えたり、部分的に切り取ったり、色の感じを変えられるといった、スマホにもあるようなアプリではじめのうちは十分です。音声も同様で、WindowsやMacに付属しているアプリ、あるいはスマホの音声編集アプリでもある程度の作業は可能です。

はじめのうちはお金をかけず、パソコンやスマホですぐに使えるようなアプリを使いながら、慣れてきたら本格的なアプリで凝った編集に挑戦してみましょう。投稿しはじめた頃からの成長を感じられるかもしれません。

写真に簡単な編集を行い「コンテンツ」として掲載する。

写真の他にも、音声を投稿してラジオ番組のように発信しているユーザーも多い。

はじめての投稿をしてみる

まずは慣れるために、ごく簡単な投稿をしてみよう

「記事を投稿する」と考えれば、身構えてしまいなかなか一歩を踏み出せないかもしれません。そこではじめに簡単な投稿をしてみましょう。最初であれば「これからはじめます」といった内容がよいでしょう。

短い文章を投稿する

1 「投稿」をクリックし、「テキスト」をクリック。

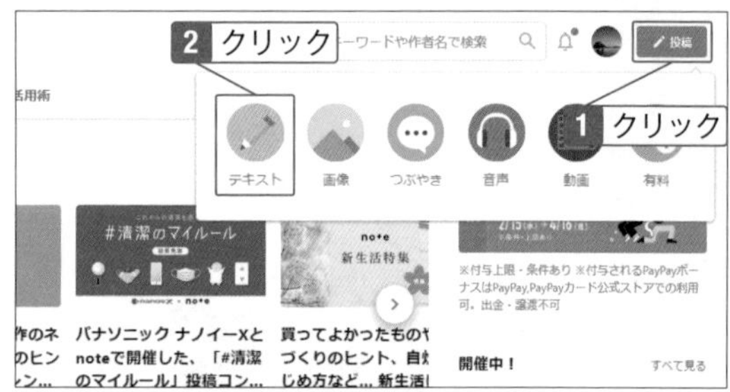

2 「記事タイトル」をクリック。

Check

タイトルは文字が大きい

タイトルは文字が大きく表示されます。この書式は変えることができません。

3 タイトルを入力し、本文の領域をクリック。

Hint

入力欄に表示されているひとこと

本文の入力欄には、そのときによっていろいろなひとことが表示されています。noteから話しかけられているような内容になっています。

4 文章を入力する。改行するときは[Enter]キーを押す。

Hint

適切な改行で読みやすく

文章を書くときは、ところどころで適切に改行すると読みやすくなります。段落の切れ目には[Enter]キーを2回押して1行空けると効果的です。

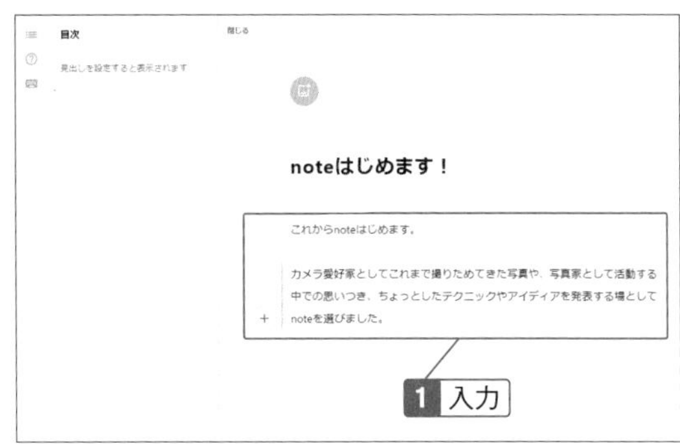

5 文章を入力し終わったら「公開設定」をクリック。

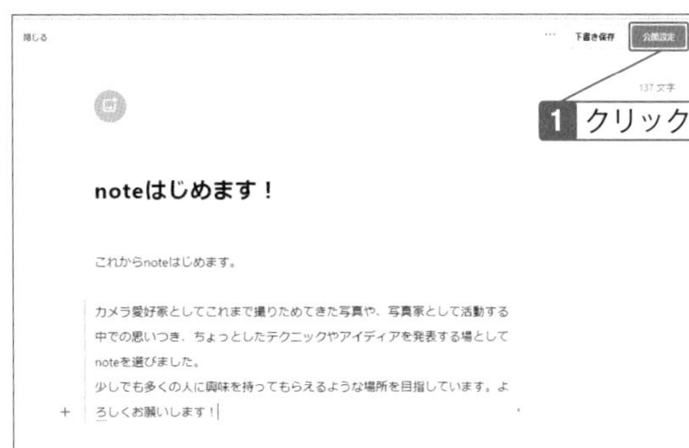

6 「投稿する」をクリック。

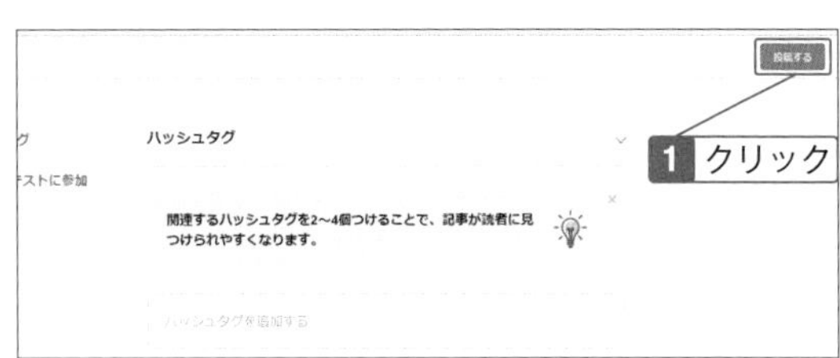

Check

公開設定

公開設定ではハッシュタグや無料／有料などいくつかの設定ができます。まずは何もせずに投稿してみましょう。

7 はじめて投稿したときは、メッセージが表示されるので「次へ」をクリック。

8 はじめて投稿したときには、記事に「スキ」が付いたときに表示されるメッセージを設定できる。あとからでも設定できるので、ひとまず何も設定せず「スキップ」をクリック。

9 記事が投稿される。

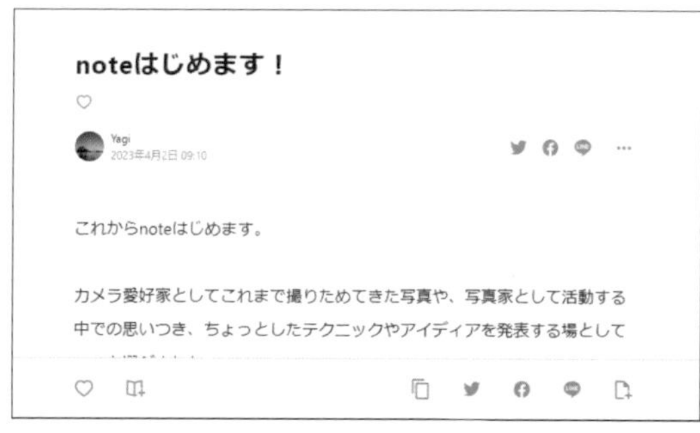

10 ホーム画面にも記事が表示される。

03-09

ひとことをトークに投稿してみる

noteでもできるひとことの「つぶやき」

noteには、記事を投稿する他に、短い「つぶやき」を投稿できます。Twitterのような機能で、テーマとは別の、「今感じたこと」をリアルタイムに伝えることができます。まずは最初にひとこと、つぶやいてみましょう。

つぶやきを投稿する

1 「投稿」をクリック。

2 「つぶやき」をクリック。

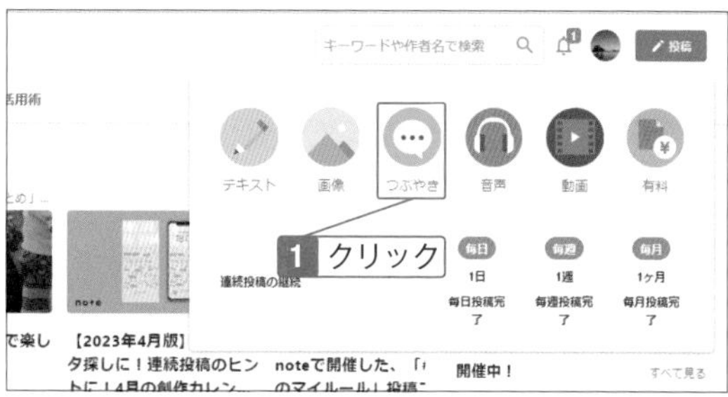

3 入力欄をクリック。

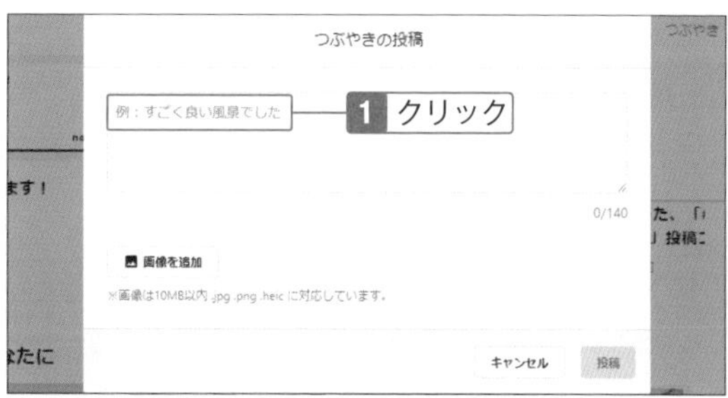

Hint

入力欄に表示されているひとこと

つぶやきの入力欄には、そのときによっていろいろなひとことが表示されています。noteから話しかけられているような内容になっています。

4 文章を入力し、画面をスクロール。

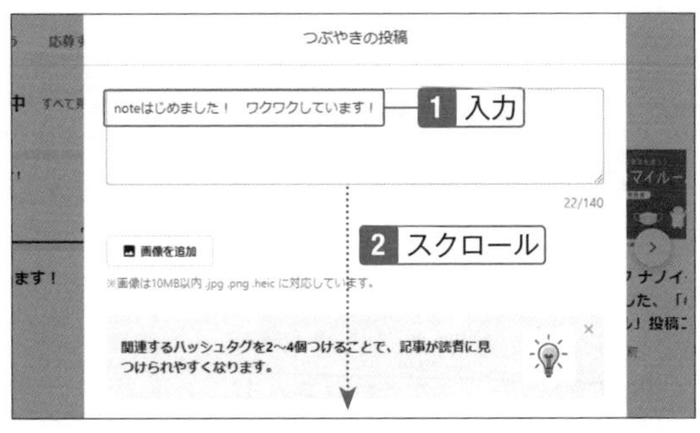

Check

つぶやきは140文字まで

つぶやきで投稿できる長さは140文字までです。Twitterと同じ長さと考えればよいでしょう。

5 画面の下部にある「投稿」をクリック。その後、「記事が公開されました」とメッセージが表示されたら「閉じる」をクリック。

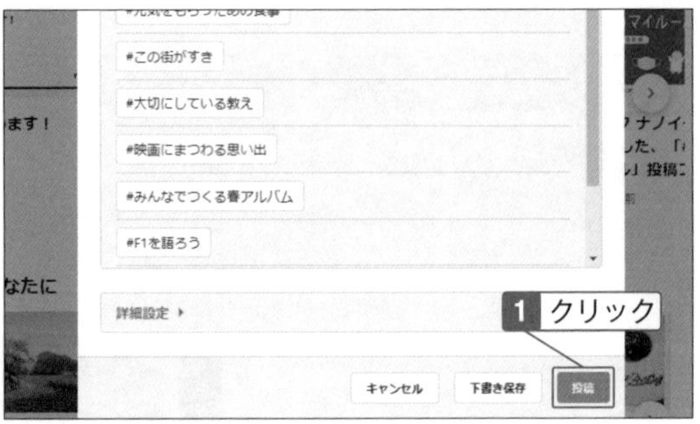

6 つぶやきが投稿される。

7 ホーム画面にもつぶやきが表示される。

Hint

つぶやきも記事の1つ

つぶやきは短い「ひとこと」ですが、noteでは「記事」として扱われます。連続投稿や極端に数の多い投稿は他の記事を目立たなくしてしまうので、つぶやきは投稿しすぎないことがポイントです。

Chapter

04

投稿・編集機能を使いこなして、読まれる記事を投稿しよう

「note」ではユーザーを「クリエイター」と呼ぶように、質の高い記事が多く投稿されています。もちろん最初から高い完成度の作りこまれた記事を投稿する必要はありません。慣れながら少しずつ編集機能を使って、内容だけでなく見栄えも整えた記事に仕立てれば、より読まれることが期待できます。

文章を投稿する

「キャッチ画像」を付けて、記事のイメージをひと目で伝えよう

noteに記事を投稿します。記事を投稿するときに「キャッチ画像」を付けると、記事のイメージをひと目で伝えることができ、注目されやすくなります。キャッチ画像は必須ではありませんが、可能な限り載せましょう。

キャッチ画像を挿入する

1 「投稿」をクリックし、「テキスト」をクリック。

2 キャッチ画像の「＋」をクリックして、「画像をアップロードする」をクリック。

Note

キャッチ画像とは

キャッチ画像は、記事を表示するときのイメージとなる画像です。記事の内容を連想させるようなものを選びましょう。

3 画像を選択して「開く」をクリック。

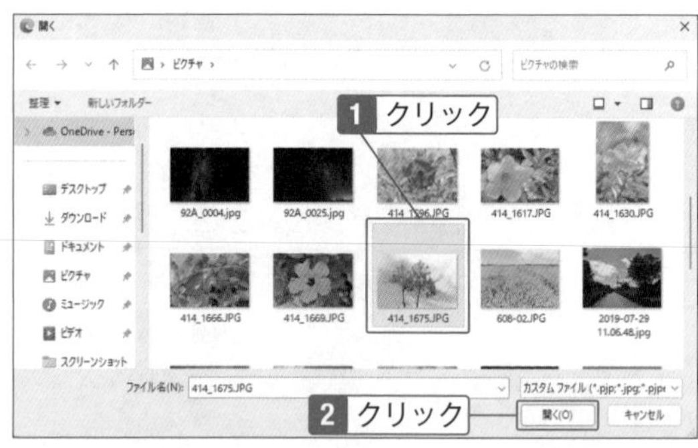

Hint

画像がないとき

キャッチ画像に使う画像データがないときは、画像を載せないまま投稿することもできます。また後述の「みんなのフォトギャラリー」から選んで使うこともできます。

4 大きさを調整し、「保存」をクリック。

Check

表示する範囲の調整

表示される範囲を変更するにはスライダーをドラッグします。また、位置を調整するには、表示したい領域をドラッグします。

記事を作成する

1 キャッチ画像が登録される。「記事タイトル」をクリックしてタイトルを入力し、本文の領域をクリック。

Hint

記事の投稿と言っても気負わずに

noteに記事を投稿します。「記事」と言うからには、それなりのまとまったものを想像しますが、あまり力を入れず、考えすぎずに、最初のうちはブログを書くようなつもりで、気軽にはじめてみましょう。

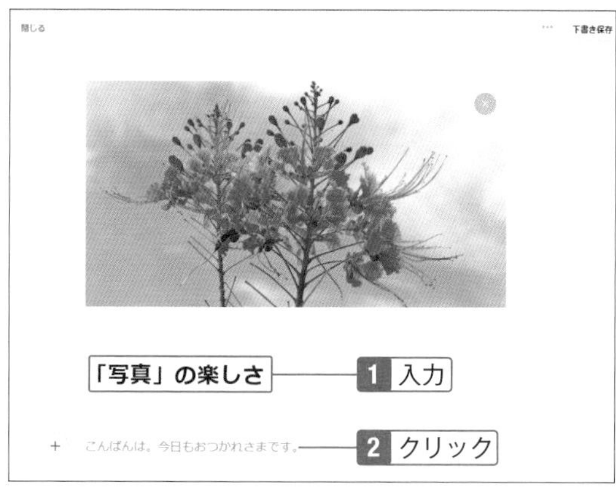

2 文章を入力。

Check

「段落」と「改行」

[Enter] キーを押して段落を変えると、その部分には1行の空白ができます。[Shift] + [Enter] キーを押すと、行間を空けずに改行します。

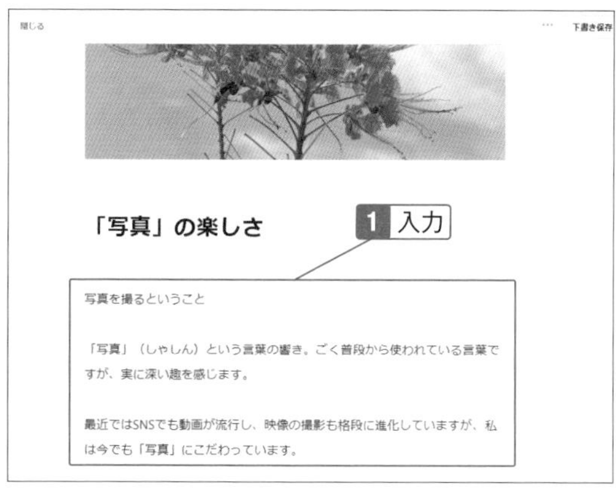

3 文章を最後まで入力して記事を作成し、「公開設定」をクリック。

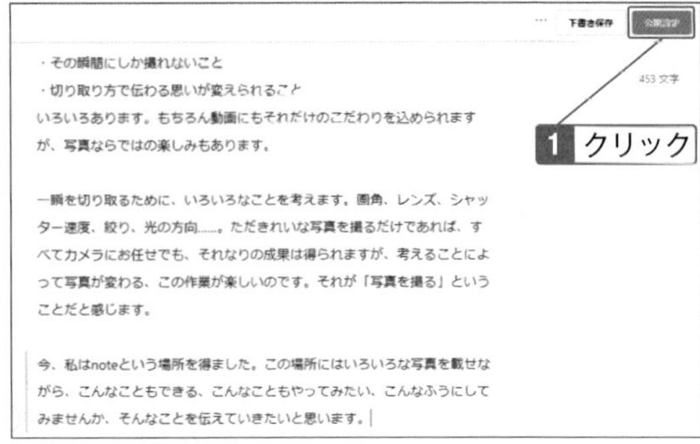

4 「投稿する」をクリック。

Hint

公開設定

公開設定ではハッシュタグや無料／有料などいくつかの設定ができます。まずは何もせずに投稿してみましょう。

5 (×)「閉じる」をクリック。

6 記事が投稿される。

キャッチ画像を「みんなのフォトギャラリー」から使う

1 キャッチ画像の「＋」をクリックして、「みんなのフォトギャラリーから画像を挿入」をクリック。

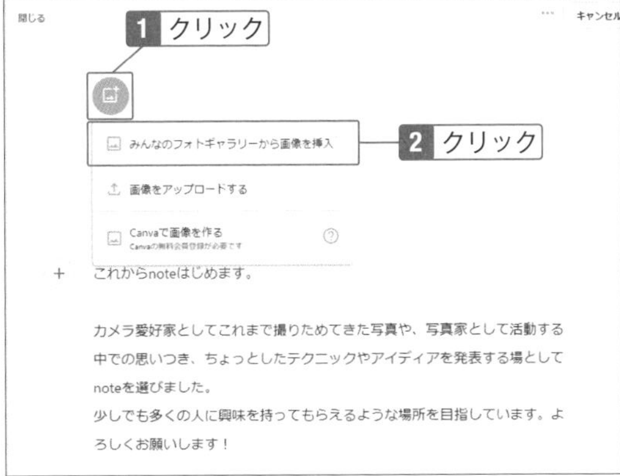

2 検索ボックスにキーワードを入力して、「検索」ボタンをクリック。

3 使う画像をクリック。

Note

みんなのフォトギャラリー

「みんなのフォトギャラリー」は、noteのユーザーが公開している画像です。noteのキャッチ画像に自由に使うことができます。

4 タイトルや作者（クリエイター）が表示されるので、画面を下にスクロール。

Hint

分野で絞り込む

「みんなのフォトギャラリー」には毎日多くの画像が登録されています。画面に表示されている「風景」、「人物」などの分野をクリックして絞り込むと欲しい画像を見つけやすくなります。

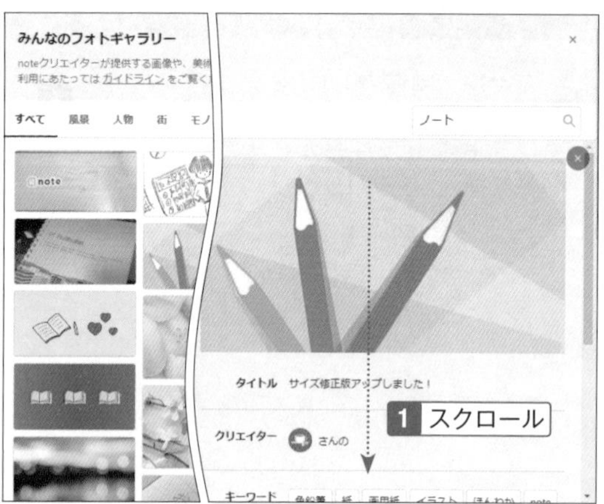

5 「この画像を挿入」をクリック。

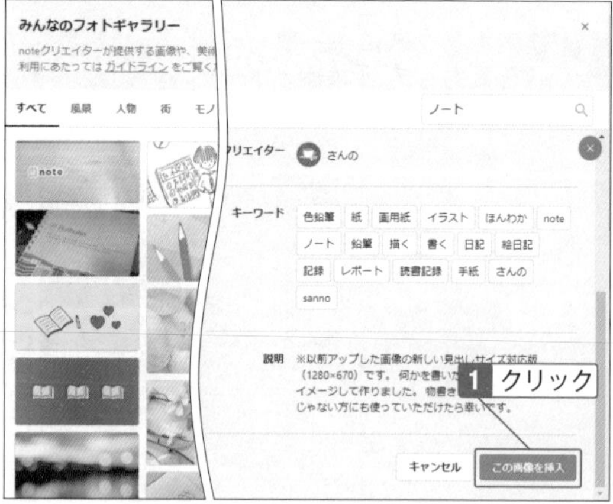

6 大きさを調整し、「保存」をクリック。

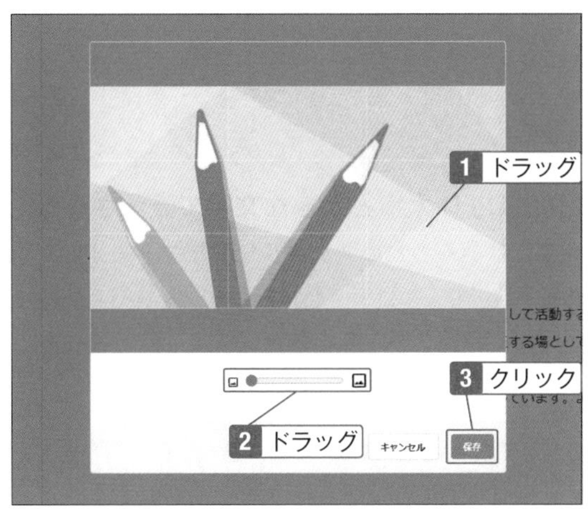

7 キャッチ画像が挿入される。

Hint

長い文章をコピペで投稿する

長い文章を書くときに、インターネット接続がない状態や電波状況が不安定な場所にいるときは、別のアプリで書いてから、コピー＆ペーストすれば、途中で切断されて、せっかく入力した分が無駄になることもなく、投稿の作業時間を短縮できます。

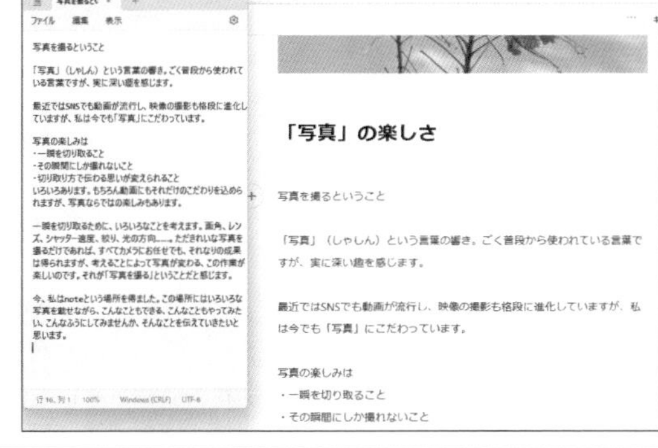

04-02 見出しを設定する

「見出し」は太字と大きな文字で表示される

記事にはいくつかのスタイルを設定できます。段落の区切れ目に見出しを作り、スタイルの「見出し」を設定すれば、太字の少し大きな文字で表示され、長い文章でも区切れ目が付いて読みやすくなります。

スタイルを「見出し」に設定する

1 見出しにする部分を選択。

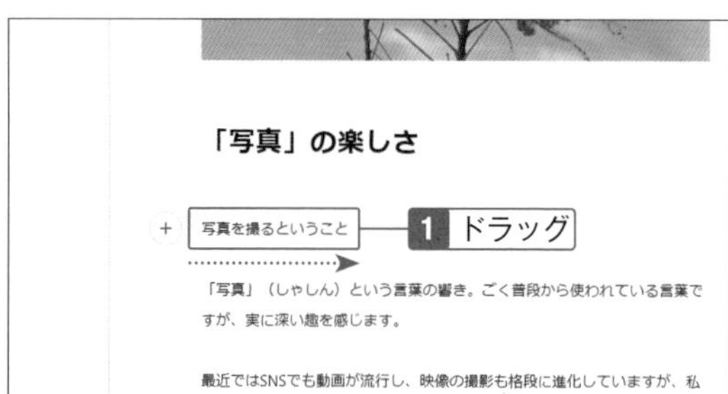

2 「見出し」をクリックして、見出しの種類を選択。

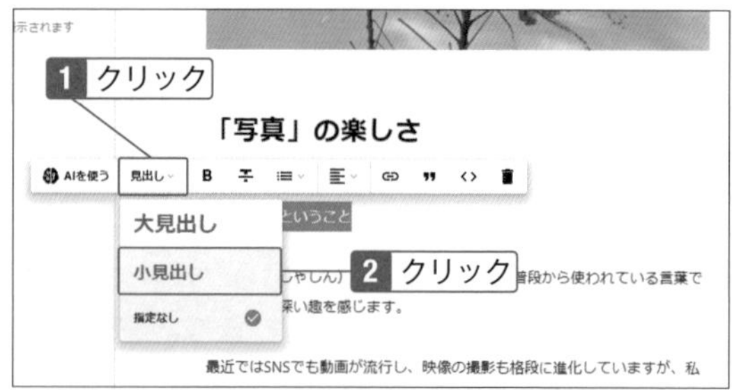

3 書式が設定され、選択した段落が見出しになる。

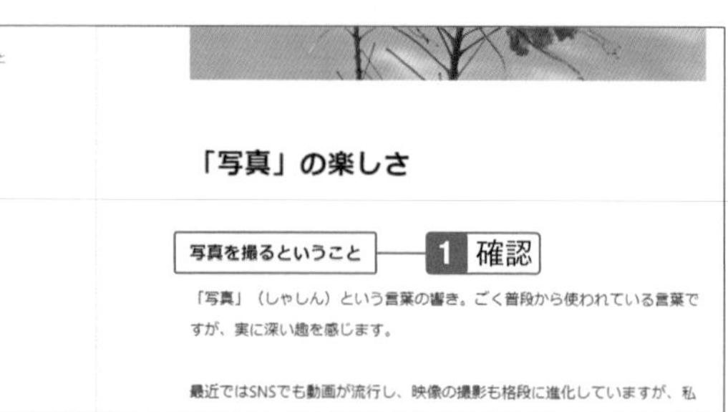

Check

見出しの書式

見出しに設定した段落は、文字が大きくなることに加えて、「見出し」であることが記録され、目次（SECTION04-25）などで利用できます。

04-03

太字にする

注目してほしいキーワードは太字にして強調しよう

記事の本文の中で、注目してほしいキーワードは太字に設定します。太字は特に目立たせたい単語や短い文章に使います。あまり太字が多すぎると効果が薄れるので、対象を絞って「ここは重要」といった部分に使いましょう。

単語や文章に太字を設定する

1 太字にする部分を選択。

2 「B」をクリック。

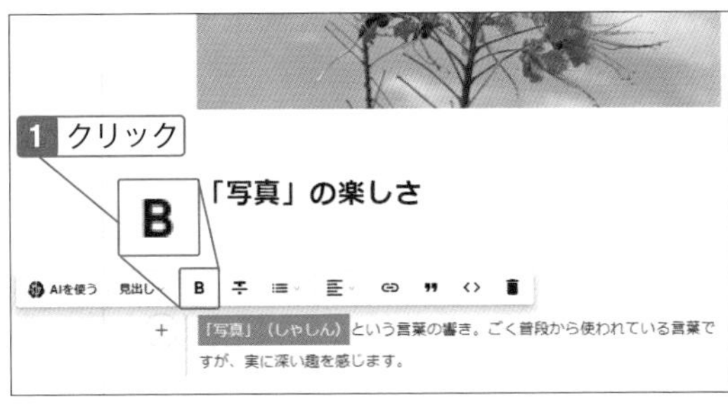

Check

ブラウザーによって非対応

太字は、特にスマホで見たときに一部のブラウザーで表示できないことがあります。

3 書式が設定され、選択した文字が太字になる。

04-04

段落を左右の中央に配置する

センタリングの設定は行単位ではできず、段落単位で行う

センタリングは文章の一部を左右の中央に配置することです。センタリングは行単位では設定できず、段落単位で設定します。サブタイトルやデータなど、記事全体の構成を考えながら効果的に使いましょう。

段落をセンタリングする

1 センタリングする部分を選択。

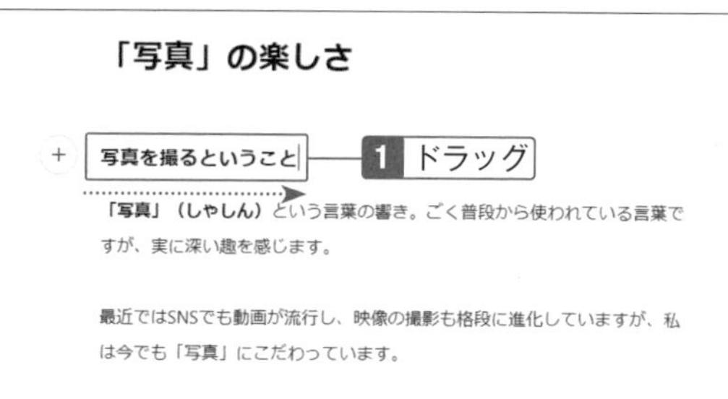

2 「≡」をクリックして「中央寄せ」をクリック。

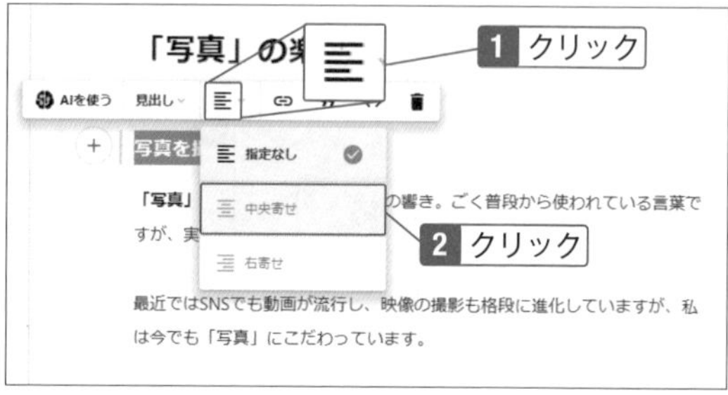

3 書式が設定され、選択した段落が中央揃えになる。

「写真」の楽しさ

写真を撮るということ　1 確認

「写真」（しゃしん）という言葉の響き。ごく普段から使われている言葉ですが、実に深い趣を感じます。

最近ではSNSでも動画が流行し、映像の撮影も格段に進化していますが、私は今でも「写真」にこだわっています。

> **Check**
>
> **「右揃え」はない**
>
> noteでは、通常は「左揃え」となり「センタリング」を設定すると「中央揃え」になります。右揃えにする書式設定はありません。

04-05

記事にリンクを貼る

詳細な情報やSNSのURLを記事に表示しよう

記事の本文にリンクを貼ります。記事の情報の詳細や情報元のWebサイト、SNSなどのURLをコピーして、リンクに設定すると情報の深さや信頼性が広がります。リンクはクリックしてジャンプできるようになります。

URLのリンクを貼る

1 リンクを設定する文字を選択。

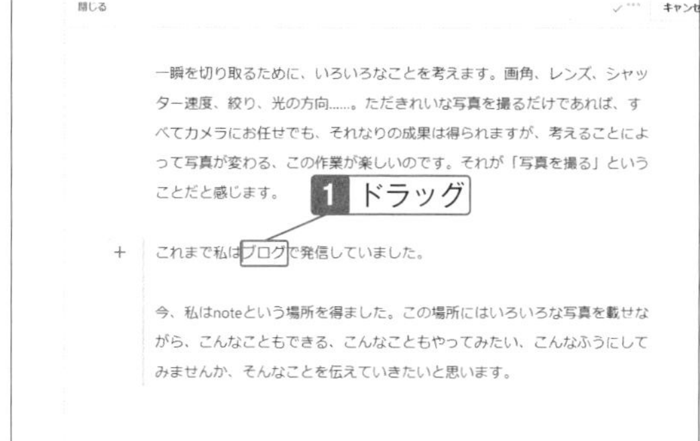

2 「リンク」をクリック。

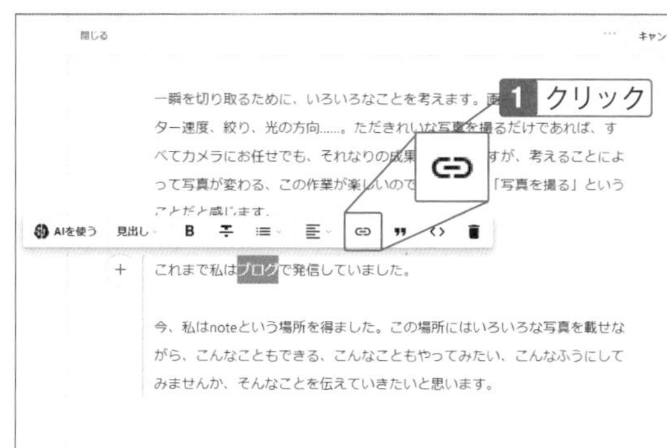

Hint

リンクする部分

リンクにする部分は、適切に設定しましょう。たとえば「詳細はこちらを参照してください」の「こちら」だけをリンクにすると、クリックする場所が小さく見つけにくいので、「こちらを参照してください」をリンクに設定するとわかりやすくなります。

3 「http://」をクリック。

一瞬を切り取るために、いろいろなことを考えます。画角、レンズ、シャッター速度、絞り、光の方向……。ただきれいな写真を撮るだけであれば、すべてカメラにお任せでも、それなりの成果は得られますが、考えることによって写真が変わる、この作業が楽しいのです。それが「写真を撮る」ということだと感じます。

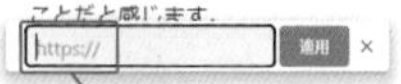

これまで私はブログで発信していました。

1 クリック

今、私はnoteという場所を得ました。この場所にはいろいろな写真を載せながら、こんなこともできる、こんなこともやってみたい、こんなふうにしてみませんか、そんなことを伝えていきたいと思います。

4 URLを入力し、「適用」をクリック。

> **Check**
>
> **URLのはじまり**
>
> 最近のWebサイトのURLは、原則としてセキュリティーを考慮した「https://」で始まるので、確認して正確に入力しましょう。

g.ooooo.jp/photoguraphy　適用

1 入力

2 クリック

5 リンクが設定される。

> **Hint**
>
> **URLをコピー&ペーストする**
>
> URLは1文字でも間違えると正しいリンクが設定されません。そこでリンク元のURLをコピーして、noteの画面で右クリックして貼り付けると正確なURLを入力できます。

AIを使う　見出し　リンク

1 確認

6 選択した文字に下線が表示され、クリックできるようになる。

> **Check**
>
> **リンク先は別のウィンドウで開く**
>
> リンクをクリックすると、ブラウザーの別のウィンドウやタブが開きます。noteで開いているページの表示は残ります。

1 確認

はブログで

04-06

引用として枠囲みに表示する

「引用」は枠囲みで特定の段落を目立たせる書式

Webページでの「引用」は独特の呼び方ですが、特定の段落を目立たせるといった使い方と理解しても構いません。引用の設定は段落単位で行い、行単位や文字単位での設定はできず、引用の部分はグレーの枠囲みで表示されます。

段落に引用の枠囲みを設定する

1 引用に設定する段落を選択。

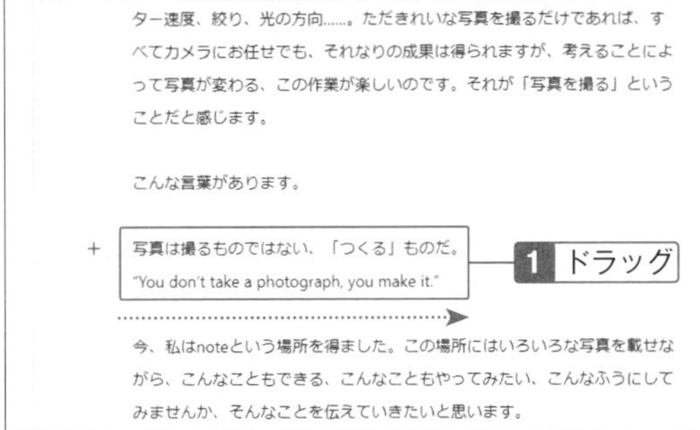

2 「 " 」をクリック。

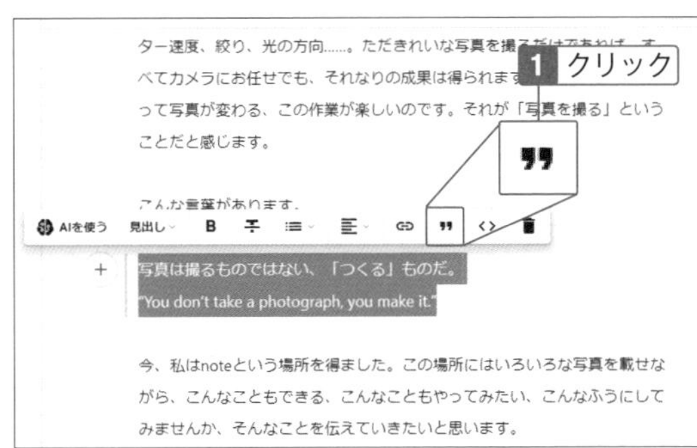

> **Note**
>
> **「引用」の由来と「等幅フォント」**
>
> 「引用」はその名のとおり、他の場所に書いてあったことを引用して掲載するための書式として使われていたことに由来します。Webサイトが作られはじめた頃から、「引用」という書式が存在しましたが、当時から本来の引用部分だけではなく、「少し書式を変える」ときにも使われてきました。「引用」は、一般的に等幅フォントで表示されることが特徴で、縦横の文字の配置を揃えたいときなどにも利用されています。

3 引用が設定される。「出典を入力」をクリック。

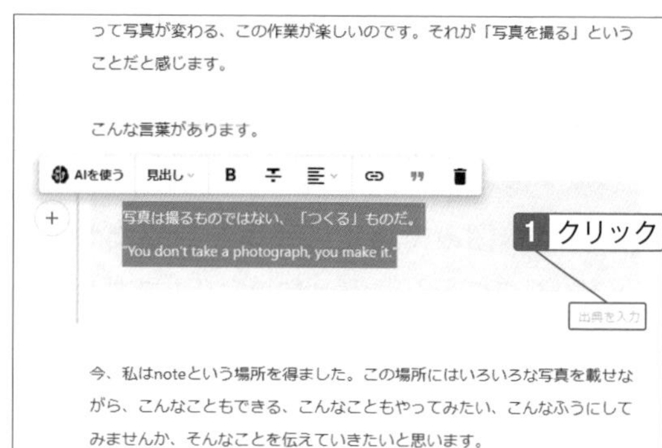

Check

「出典」を表示する

実際に書籍やWebサイトの情報などを引用した場合は、「出典」に引用元の情報を表示しておきます。引用にもかかわらず勝手に自分の文章として掲載することは「盗用」になる場合もありますので、引用した場合は必ず「出典」を表示するようにしましょう。「出典」を表示することで、引用元の著作権保護にも役立ち、記事の信頼性も高くなります。

出典を入力しない場合、投稿した記事に「出典を入力」部分は表示されません。

4 引用元の情報を入力。

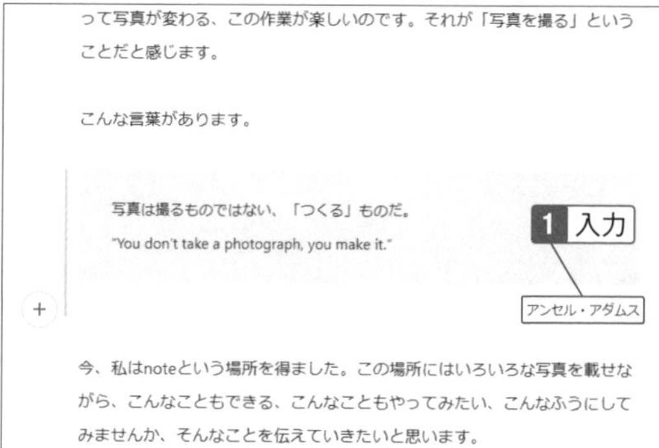

5 選択した段落が枠囲みになる。

Check

引用は段落単位

引用は段落単位で設定されます。段落内の一部分だけを選択しても、引用は段落全体が対象になります。

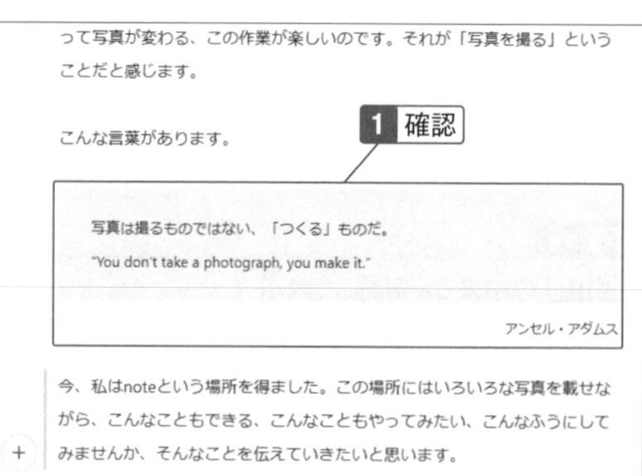

記事にハッシュタグを追加する

ハッシュタグは見てもらう機会を増やす有効な手段

noteのハッシュタグも、他のSNSで使われているものと同じように、検索の結果で表示するためのキーワードです。ハッシュタグを追加する際は、「#」（ハッシュ記号）ではじまる単語を設定します。

記事にハッシュタグを設定して投稿する

1 記事を入力し、「公開設定」をクリック。

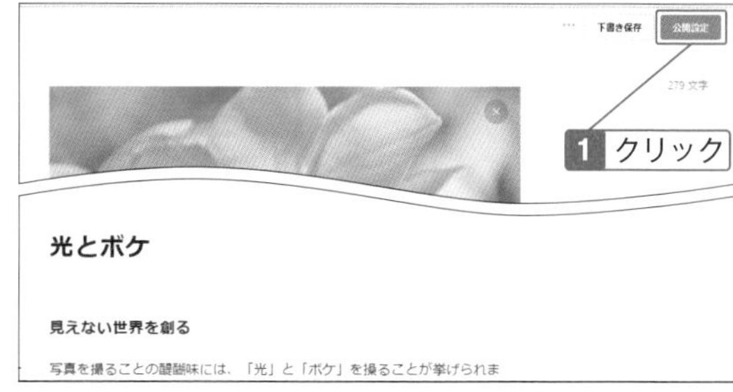

2 「ハッシュタグを追加する」をクリック。

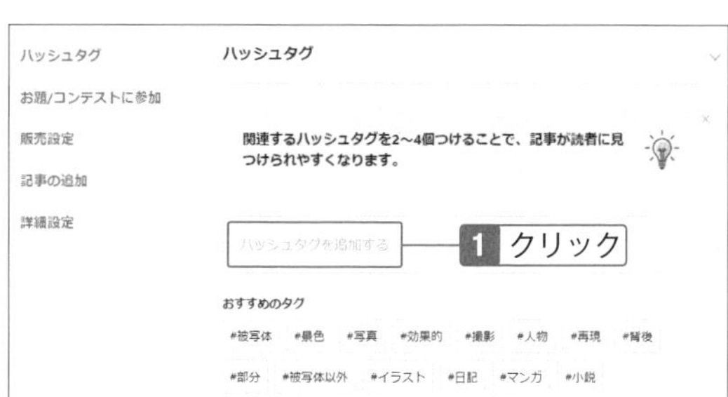

3 「#」に続けてキーワードを入力。

Hint

「#」は入力しなくても設定できる

ハッシュタグを設定するときに、「#」を入力せず、キーワードだけを入力しても、自動的に「#」が付いて設定されます。「#」を入力すると、多く使われているハッシュタグを簡単に探せます。多く使われているハッシュタグを入力すれば、それだけ自分の記事を探してもらいやすくなります。

4 表示される候補から選択。

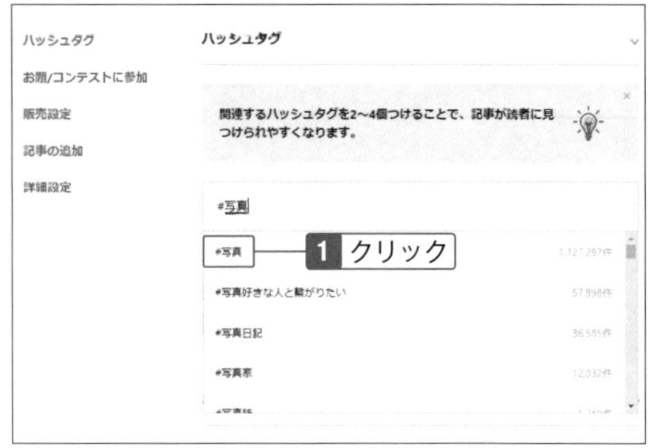

5 ハッシュタグが追加される。

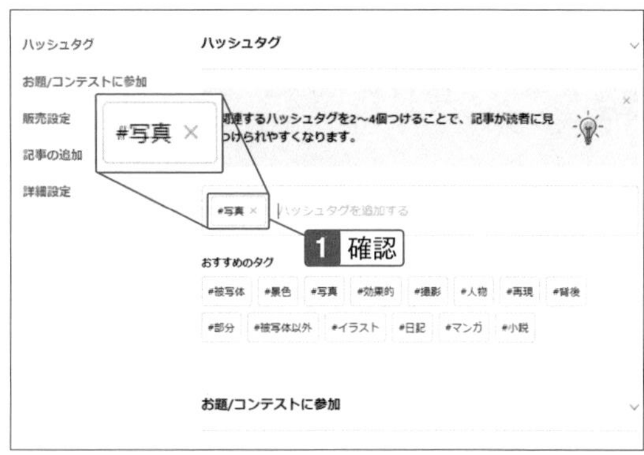

6 ハッシュタグは複数追加できる。入力したら「投稿する」をクリック。

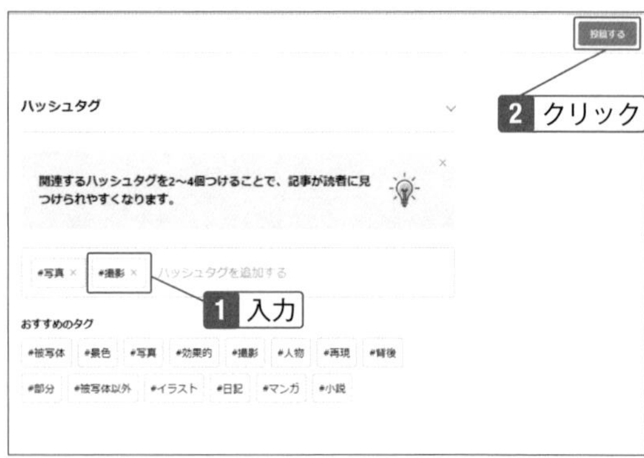

Hint

ハッシュタグは多い方が見つけやすい

ハッシュタグは、1つ2つだけでなく、多く設定しても構いません。中には10個、20個ものハッシュタグを設定している記事もあります。ハッシュタグが多ければ、それだけ見つけやすくなるメリットがあります。ただし、記事と無関係なキーワードでハッシュタグを設定してはいけません。検索とは無関係な記事が表示されるのは、モラル違反であり、迷惑行為にもなります。

7 (×)「閉じる」をクリック。

Hint

さまざまなメッセージ

noteでは、いろいろな場面でメッセージが表示されます。同じことをしても、そのときの状況によって違うメッセージが表示され、楽しみながら続けられます。

8 記事が投稿される。

9 記事の下にハッシュタグが表示される。

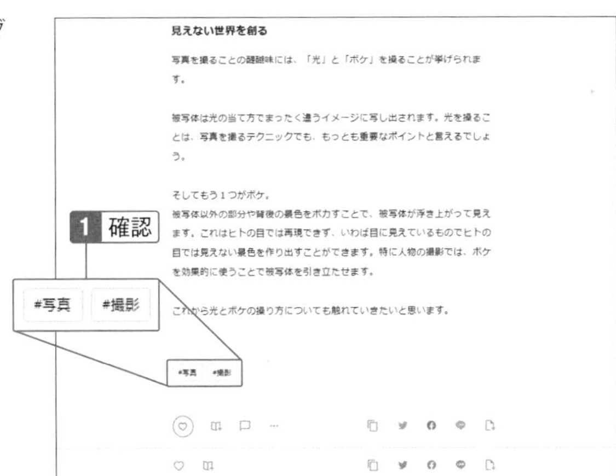

04-08

下書き保存する

書きかけを途中で保存しておき、あとから続きを書ける

コラムや小説、記事で長文になるときは、途中で「下書き保存」しておくと、一度で仕上げる必要はなく、あとから続きを書いたり、修正したりできるようになります。他のアプリで書きあげてコピーするような手間がかかりません。

書きかけを下書きに保存する

1 記事を入力し、「下書き保存」をクリックして「閉じる」をクリックする。

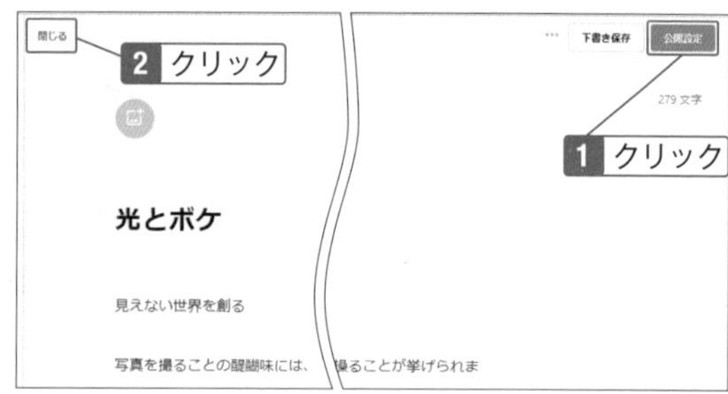

2 下書きに保存される。「閉じる」をクリック。

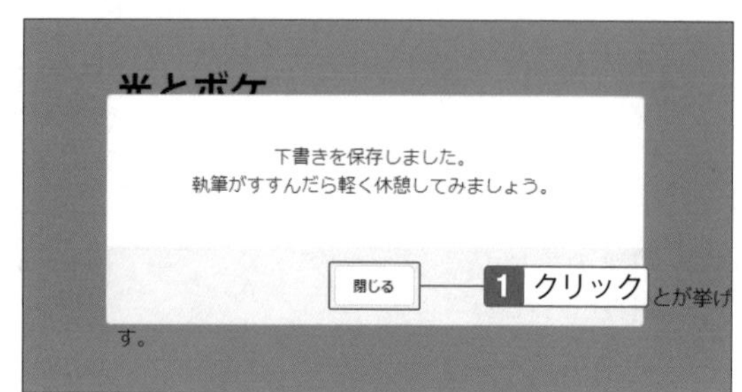

3 下書き保存される。

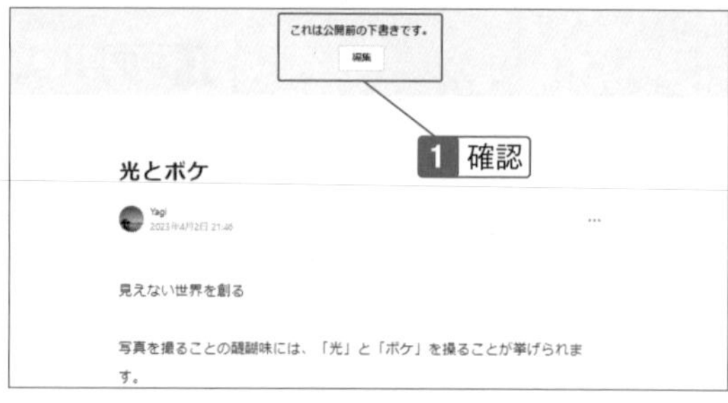

Check

下書きはnote上に保存

下書き保存をしておくと、note上に保存されますので、他のパソコンやスマホで開いても、続きを書くことができます。

04-09

つぶやきにハッシュタグを付けて投稿する

ひとこともハッシュタグで検索されるので、見つけてもらいやすくなる

短いひとことを投稿する「つぶやき」にも、記事と同様にタグを設定できます。Twitterと同じように、盛り上がっている話題のハッシュタグを設定すると、他のユーザーに見つけてもらう可能性が高まります。

ハッシュタグ付きのつぶやきを投稿する

1 「投稿」をクリックし、「つぶやき」をクリック。

2 つぶやきの入力欄をクリック。

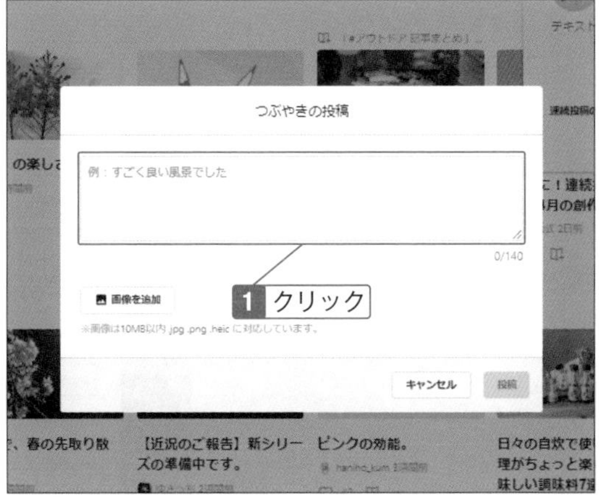

Check

適切なハッシュタグの数

以前は「ハッシュタグはせいぜい3つ～5つまで」とも言われていましたが、今ではハッシュタグを10以上、中には50程度も付けている投稿もあり、「いかに人に見てもらうか」のための手段となっています。

3 つぶやきを入力。

4 「ハッシュタグ」にキーワードを入力し、[Enter]キーを押す。

Hint

「#」は入力しなくても設定できる

ハッシュタグを設定するときに、「#」を入力せず、キーワードだけを入力しても、自動的に「#」が付いて設定されます。

5 ハッシュタグが入力される。

6 画面をスクロールし、「投稿」をクリック。

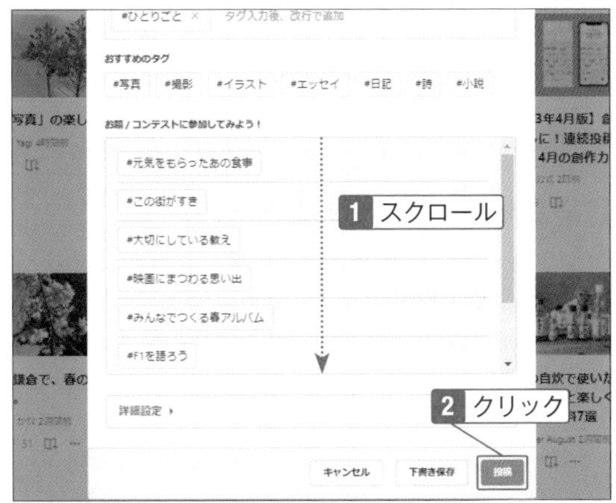

7 (×)「閉じる」をクリック。

8 ハッシュタグ付きのつぶやきが投稿される。

⚠ Check

ハッシュタグは関連した言葉にする

ハッシュタグに付ける言葉は、内容に関係したものにしましょう。見てもらいたいだけのために付けた無関係のキーワードは、かえって反感を生みます。

04-10

つぶやきを修正する

投稿したつぶやきをあとから修正できる

つぶやきを投稿したあとに、文字が誤っていたり、内容を書き換えたくなったりしたときに、つぶやきを修正することができます。修正すれば、削除して新たに投稿しなおす必要はありません。また、つぶやき本文の修正だけでなく、ハッシュタグの追加や削除もできます。

投稿したつぶやきをを修正して再投稿する

1 アカウントのアイコンをクリックして、自分の名前をクリック。

Check

Twitterと異なる点

つぶやきに利用されているTwitterは、有料プラン以外は修正できず、また有料プランでも時間や回数に制限があります。一方でnoteでは、いつでも修正ができる違いがあります。

2 修正するつぶやきを表示し、「…」をクリック。

Check

すでに見られていることも考慮する

つぶやきを修正しても、その前に見られているかもしれません。誤解を生むことがないように、つぶやきの修正は最小限にとどめるようにしましょう。

3 「編集」をクリック。

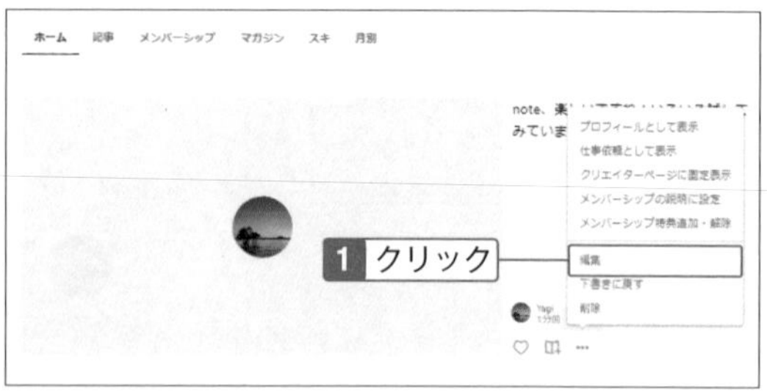

4 つぶやきが表示されるので、修正する。

5 画面をスクロールし、「投稿」をクリック。

6 「閉じる」をクリック。

7 つぶやきが修正される。

Check

更新されないときは

つぶやきを修正して自分のホーム画面に戻ったとき、修正したはずのつぶやきが更新されずに表示されることがあります。この場合、ページを再読み込みしたり、一度noteのホーム画面に戻ったりして再度表示すると更新されます。

つぶやきを削除する

誤った内容を投稿したときには削除できるが、多用しない方がいい

つぶやき投稿してから、内容に誤りがあったり、不要だと思ったりしたときには、つぶやきを削除できます。ただしそれまでに見た人がいることを考え、できるだけ削除しなくていい投稿を心がけてください。

投稿したつぶやきを削除する

1 つぶやきを表示し、「…」をクリック。

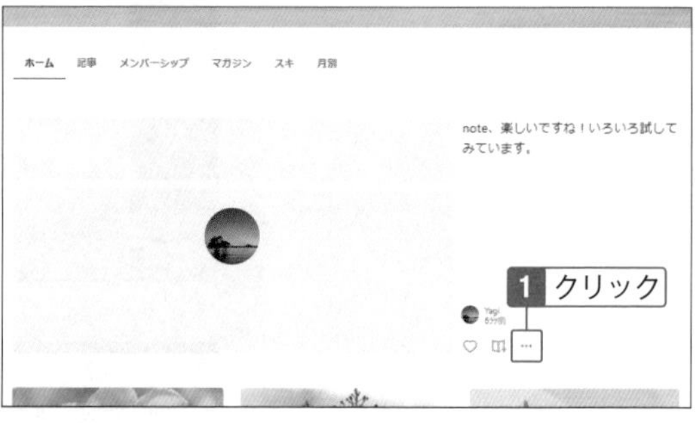

Check

削除したつぶやきは元に戻せない

つぶやきは削除すると、原則として元に戻すことはできません。パソコンの「ごみ箱」のような仕組みはありませんので、削除するときは十分に確認してください。

2 「削除」をクリック。

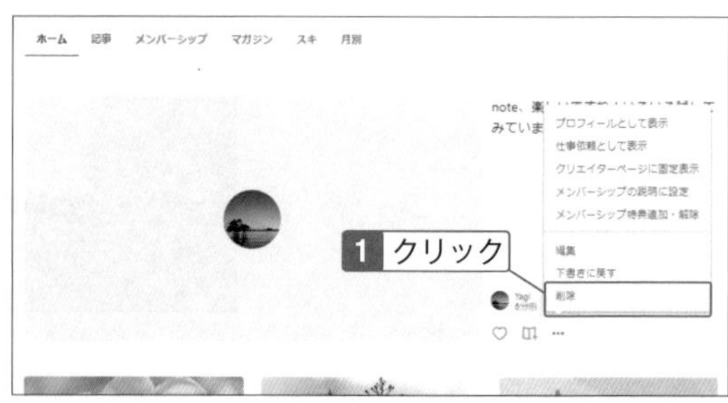

3 「削除する」をクリックすると、つぶやきが削除される。

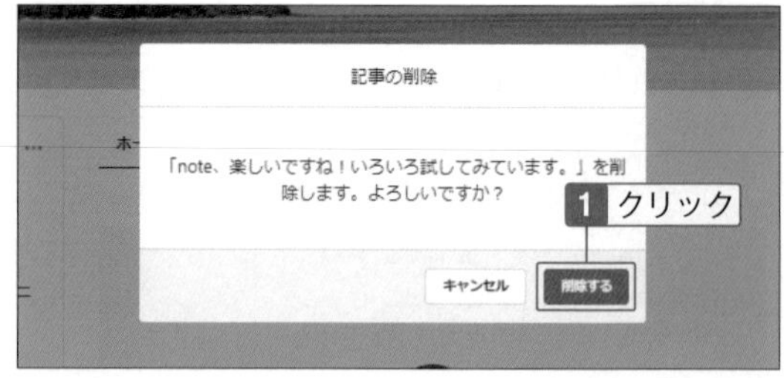

04-12

つぶやきに画像を追加する

画像付きのつぶやきで注目度を上げよう

つぶやきには画像を添付できます。画像を添付したつぶやきには、縮小した画像が表示され、注目度が上がります。画像付きのつぶやきだけを投稿しているユーザーもいるくらい、手軽に注目される投稿ができる機能です。

画像付きのつぶやきを投稿する

1 「投稿」をクリック。

2 「つぶやき」をクリック。

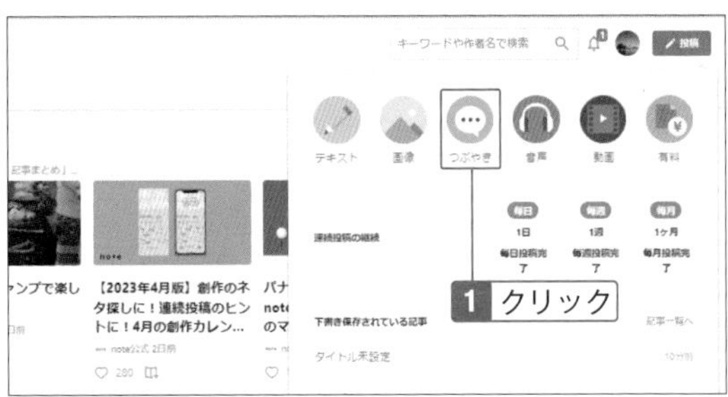

Check

投稿できる画像の種類

投稿できる画像は、スマホやデジカメの撮影でも利用されている「JPG」「PNG」形式などに対応しています。

3 つぶやきの入力欄をクリック。

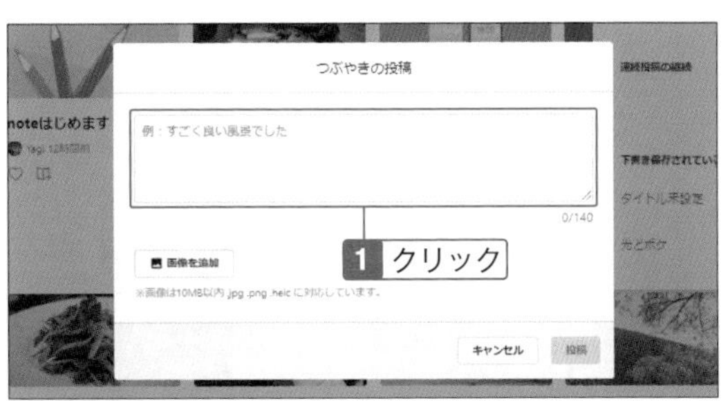

4 つぶやきを入力し、「画像を追加」をクリック。

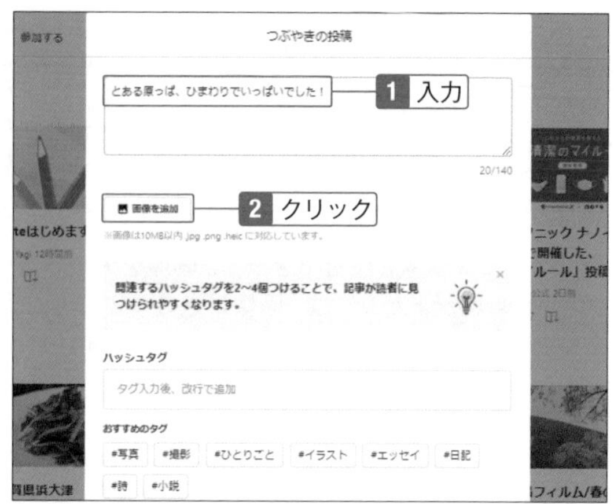

Check

画像付きでも140文字

つぶやきで入力できる文字数は、画像を追加しても変わらず140文字までです。減ることはありません。

5 画像を選択し、「開く」をクリック。

6 画像が追加される。

7 ハッシュタグを入力し、「投稿」をクリック。

8 (×)「閉じる」をクリック。

9 画像付きのつぶやきが投稿される。

Check

つぶやきが上に表示

画像を付けたつぶやきでは、画像の上につぶやきが表示されます。一方で画像を記事として投稿すると、タイトルが画像の上に、説明が画像の下に表示されます。

04-13

記事を編集する

一度投稿した記事を修正、追加などしながら、ブラッシュアップしよう

記事を投稿したあとに、内容を修正したい場合は編集します。改めて読み直すと粗が見えるのはよくあることです。文章の追加や不要な部分の削除、レイアウトや書式の変更など、より完成度の高い記事に仕上げましょう。

記事の文章や書式、レイアウトを編集する

1 記事を表示し、「…」をクリック。

Check

記事の修正はきちんと考えて

記事は公開されているものなので、多くのユーザーが読みます。修正が重なると、その都度異なる内容をユーザーに発信することになるので、修正はあまり繰り返さず、慎重に行いましょう。

2 「編集」をクリック。

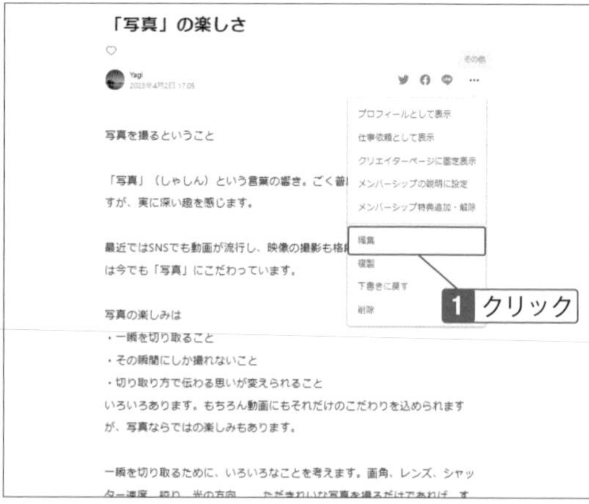

3 記事を編集し、「公開設定」をクリック。

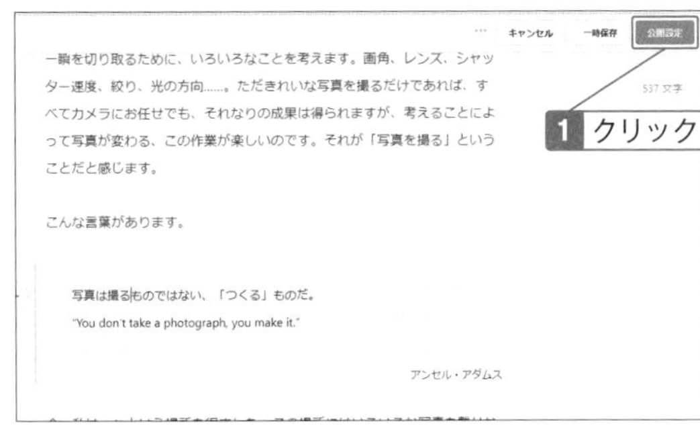

4 ハッシュタグを設定する。

> **Hint**
> **ハッシュタグだけを追加する**
> 「もっと多くの人に見てもらいたい」と考えたら、記事の本文は修正せずに、ハッシュタグだけを追加して、より多くの人が検索できるようにしてみましょう。

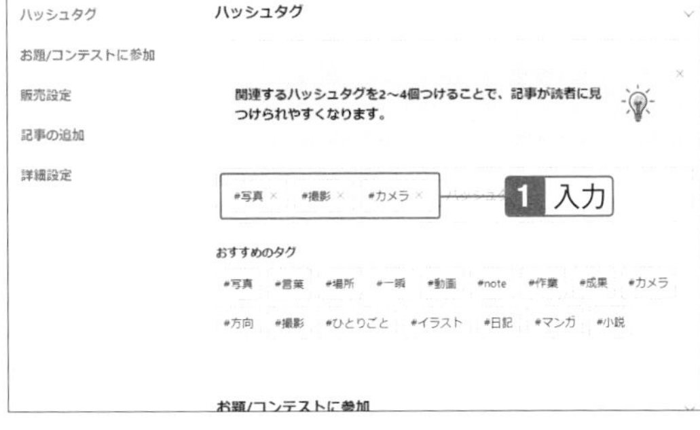

5 「更新する」をクリック。

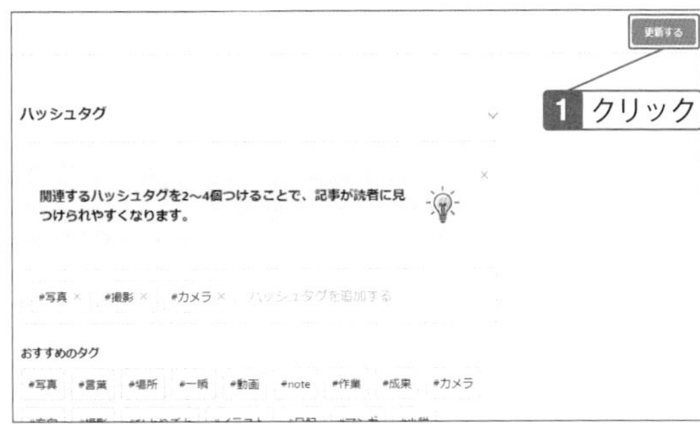

6 記事が公開される。「閉じる」をクリック。

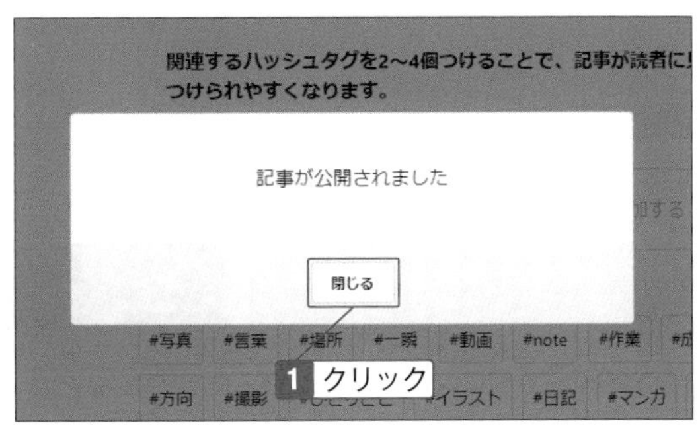

04 投稿・編集機能を使いこなして、読まれる記事を投稿しよう

04-14

編集中の記事を一時保存する

公開中の記事はそのままにしつつ、編集中の状態を一時保存

公開している記事を編集し、中断するときには「一時保存」します。公開している記事は編集前の状態のままにして、編集中の状態を保存しておき、あとでその時点から再開することができます。

編集中に一時保存する

1 記事を編集し、「一時保存」をクリックして、「閉じる」をクリック。

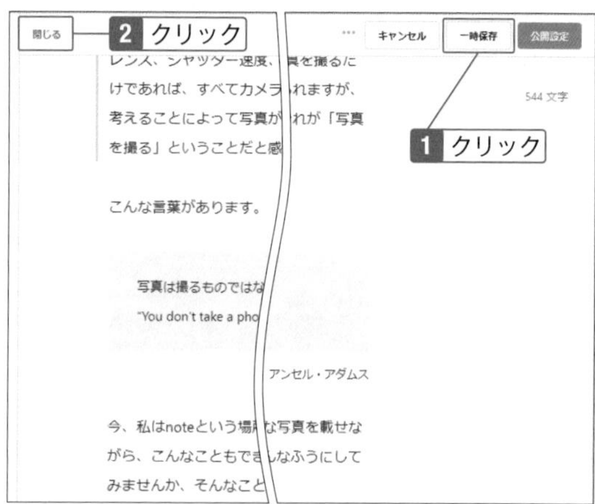

Check

公開されている記事は未編集

記事の編集中に「一時保存」したとき、公開されている記事は編集前の状態のままになっています。

2 記事が一時保存される。「閉じる」をクリック。

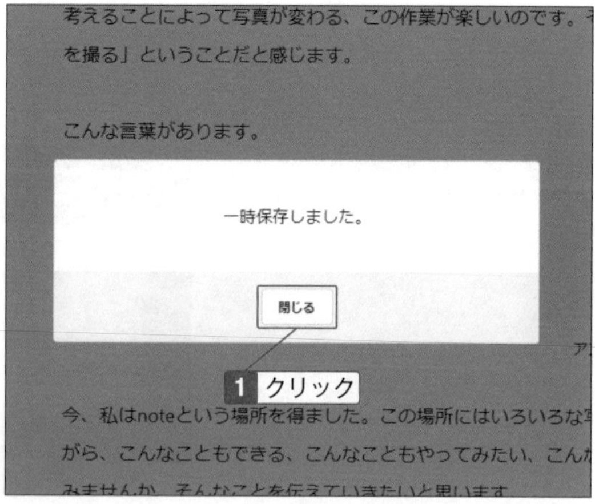

04-15

一時保存から編集を再開する

長い文章でも、時間をかけて少しずつじっくり書ける

公開している記事を一時保存し、編集が中断しているときに、編集を再開します。編集を再開するときに、一時保存した時点の記事を使うか、公開されている記事（編集していない状態）を使うか選べます。

一時保存した記事の編集を再開する

1 記事を表示して「…」をクリックし、「編集」をクリック。

Check

一時保存前の公開されている記事を表示

一時保存されている記事の再編集は、公開されている編集前の記事から作業します。

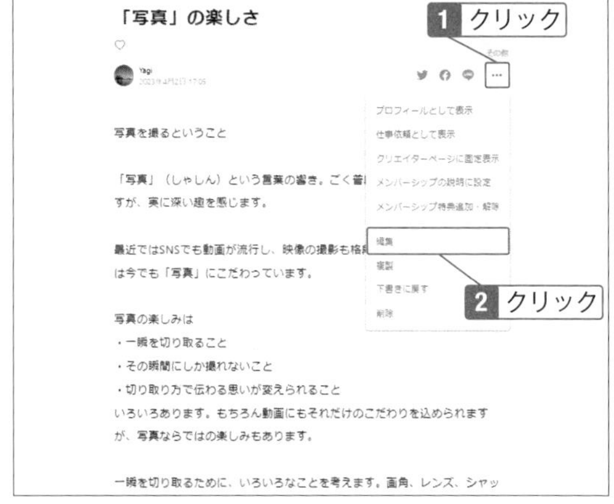

2 「最新の下書き」をクリックして、「編集する」をクリック。

Check

一時保存した日時が表示される

編集する記事に一時保存した記事があると、一時保存した日時が表示され、その時点の一時保存を呼び出して再開できます。一時保存を使わない場合、「公開した時点の記事」をクリックします。

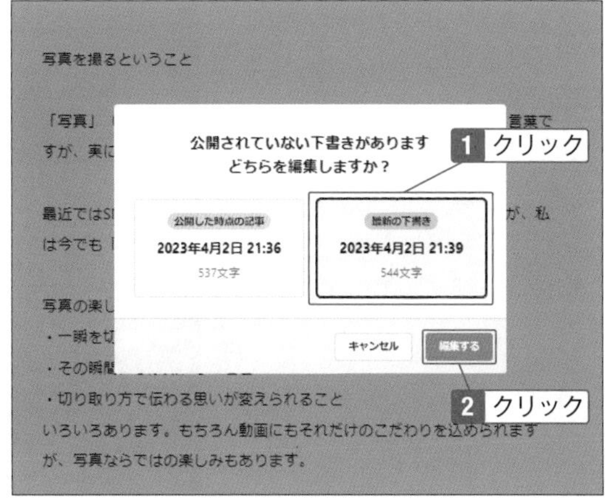

3 記事の編集画面が表示されるので、編集し、「公開設定」をクリック。

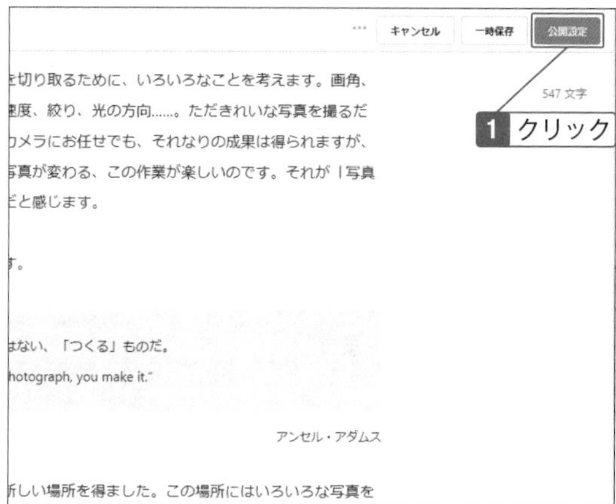

4 ハッシュタグを設定し、「更新する」をクリック。

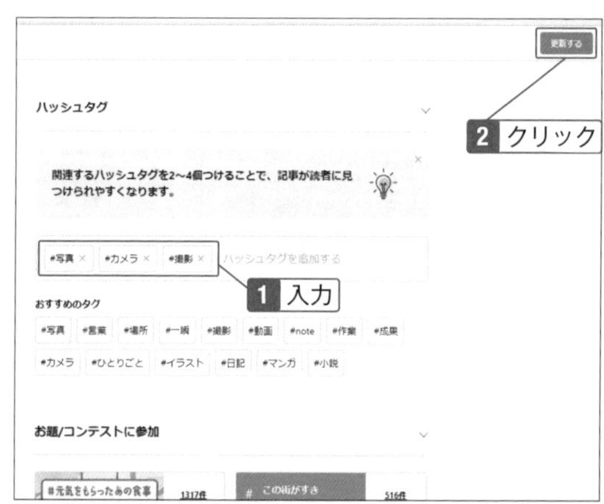

5 記事が公開される。「閉じる」をクリック。

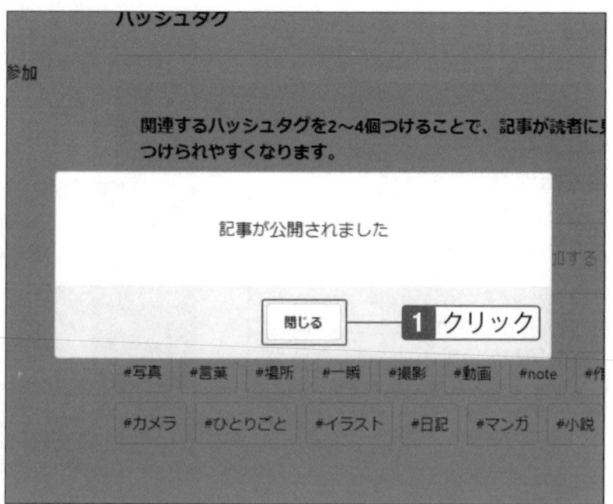

Check

もう一度一時保存する

まだ完成していないときは、記事を編集したあとに「公開設定」をクリックせず、「一時保存」をクリックします。一時保存が更新され、その時点から再開できます。

04-16

記事を削除する

削除は誤った内容の投稿や万が一の炎上のときのみに

投稿した記事が不要だと感じたら、削除することができます。ただし記事は貴重な資産でもあるので、特別な理由がない限り削除せず、そのまま残しておいた方が自分の積み重ね、実績にもつながります。

投稿した記事を削除する

1 記事を表示し、「…」をクリックして、「削除」をクリック。

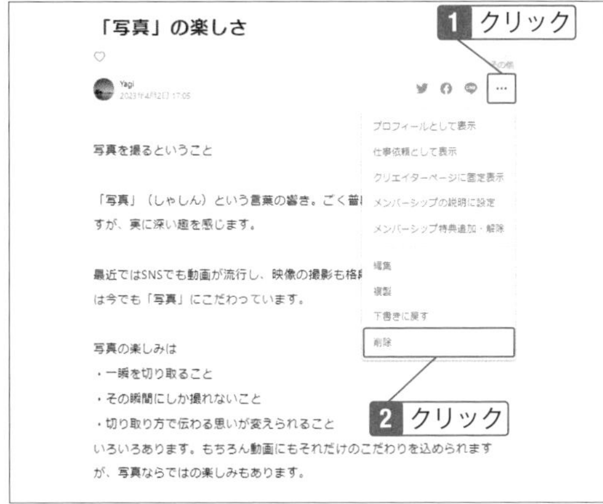

Hint

記事の一覧から操作

下書きを削除する方法は、記事のメニューから操作する他に、記事の一覧から操作することもできます。

2 「削除する」をクリック。

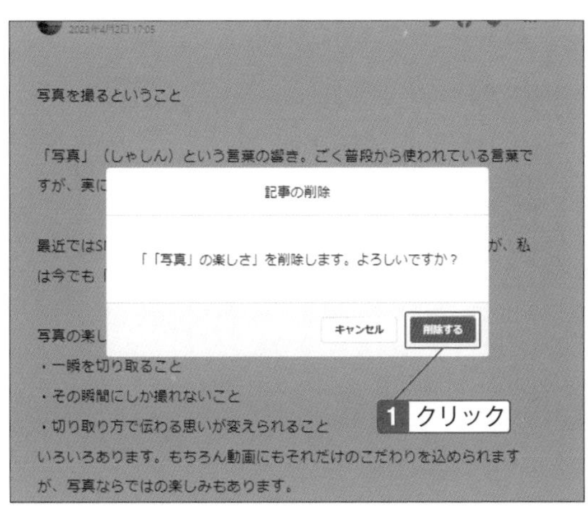

Check

削除した記事は復元できない

公開されている記事を削除すると、原則として元に戻すことはできません。パソコンの「ごみ箱」のような機能はありません。ただし、有料記事については、記事を削除しても、記事を購入したユーザーは読むことができます。

04-17

記事の一覧を表示する

投稿した記事が増えてきても、一覧で探せる

投稿した記事が増えてきたら、修正したい記事や読み直したい記事を探すのに手間がかかります。過去に戻るためにスクロールするのも手間がかかります。そこで記事の一覧を表示すれば、目的の記事をすばやく探せます。

投稿した記事を一覧表示する

1 アカウントのアイコンをクリックして、「記事」をクリック。

2 記事の一覧が表示される。

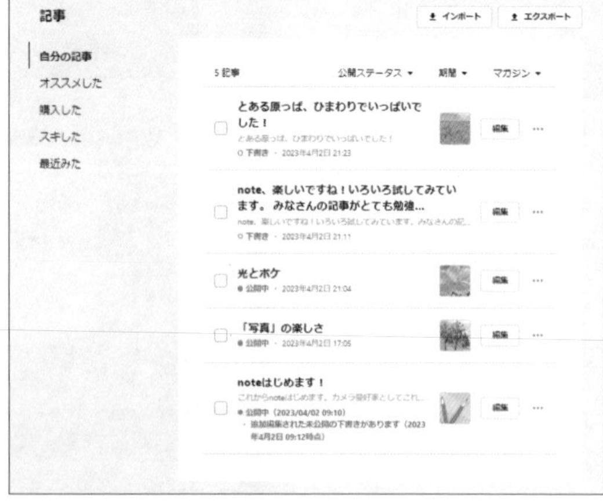

Check

一覧には記事の状態も表示

記事の一覧には、記事の種類や状態が表示されます。下書きのままの状態や、公開されている状態を確認できます。

04-18

記事の一覧から編集や削除をする

投稿後、不要になった記事をまとめて削除できる

投稿した記事が多くなり、その中から編集したり、削除したりする場合には、記事の一覧を表示すると簡単に目的の記事が見つかります。一覧では公開中や下書きといった、その記事の状態も確認できます。

記事の一覧から削除する

1 記事の一覧を表示し、「…」をクリック。

2 「削除」をクリック。

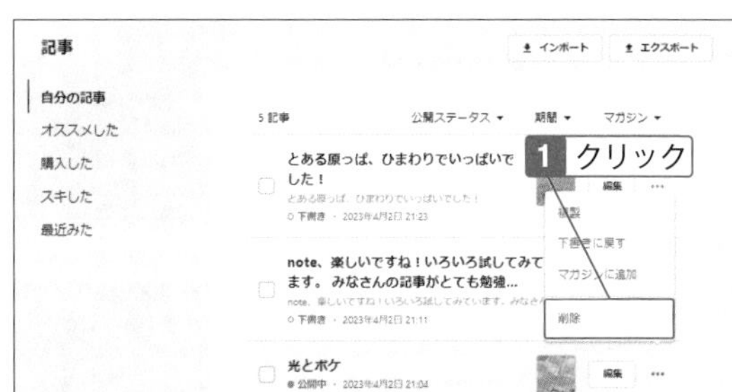

3 「削除する」をクリックすると、記事が削除される。

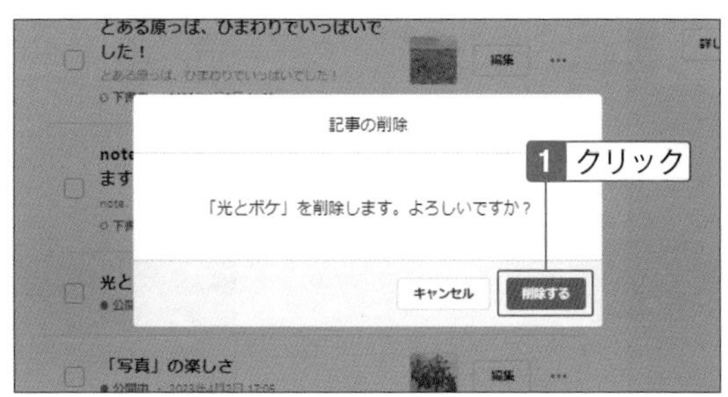

記事の一覧で下書きに戻す

1 記事の一覧を表示し、「…」をクリックして「下書きに戻す」をクリック。

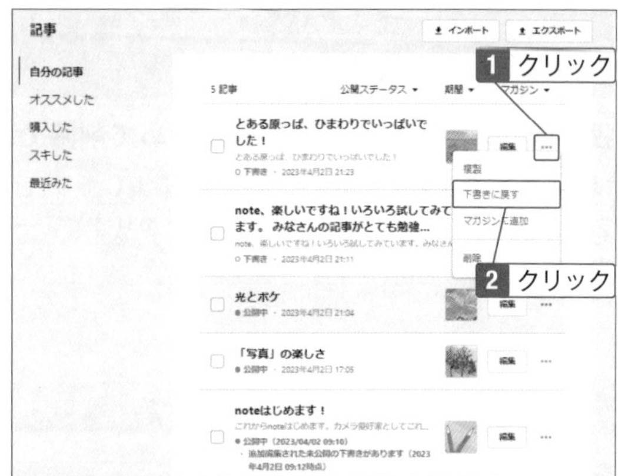

2 「OK」をクリック。

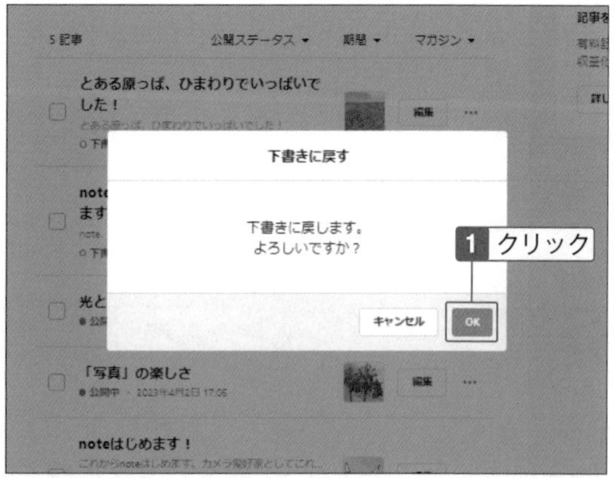

Check

公開状態の記事を非公開にする

記事の一覧で「下書きに戻す」と、公開されている記事が下書きになり、非公開の状態にできます。

3 記事が下書きに戻される。「閉じる」をクリック。

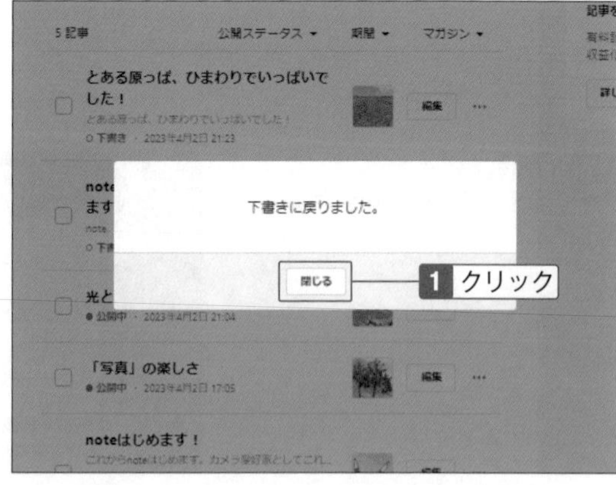

記事を下書きに戻す

下書きを利用して、公開している記事を非公開状態にできる

投稿した記事を残したまま非公開にしたいときには、記事を下書きに戻します。下書きとして保存されている記事は公開されません。noteには「非公開」の機能がないため、非公開にしたい記事は「下書き」を利用します。

公開されている記事を下書きにする

1 記事を表示し、「…」をクリック。

2 「下書きに戻す」をクリック。

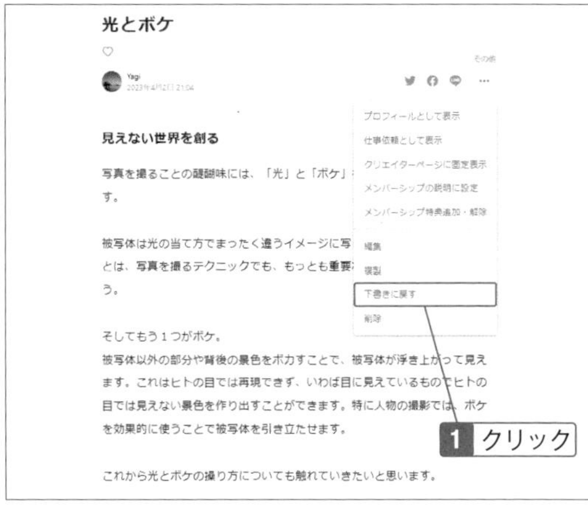

Check

有料記事は戻せない

有料で販売している記事は、公開すると下書きに戻せません。

3 「OK」をクリック。

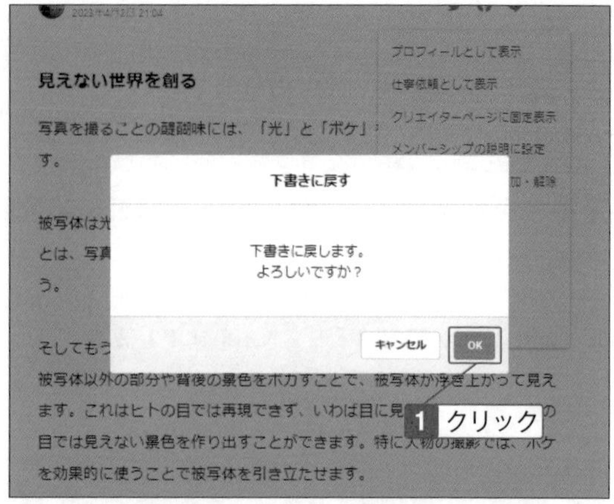

Hint

記事の一覧から操作

公開されている記事を下書きに戻す方法は、記事のメニューから操作する他に、記事の一覧から操作することもできます。

4 「閉じる」をクリック。

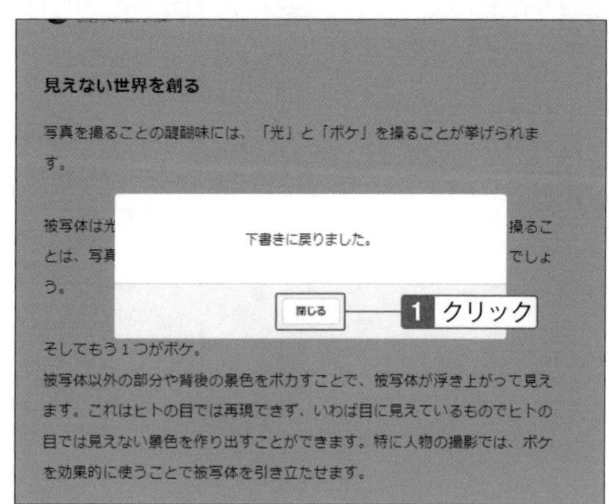

5 記事が下書きになり、非公開になる。

04-20

下書きから記事を書く

下書き保存しておき、納得できる完成度になるまで編集して公開できる

下書き保存した書きかけの記事がある場合、メニューから選択して簡単に記事の作成を再開できます。下書き保存は何度でも使えるので、完成するまでは下書き保存をし、公開しない状態にしておきます。

下書き保存した記事を仕上げて公開する

1 「投稿」をクリックして「下書き保存されている記事」の「記事一覧へ」をクリック。

2 下書き保存されている記事の「編集」をクリック。

Check

下書きが複数ある

下書き保存した記事が複数ある場合、すべての下書きが表示されますので、編集する下書きをクリックします。

3 下書き保存した記事が表示される。

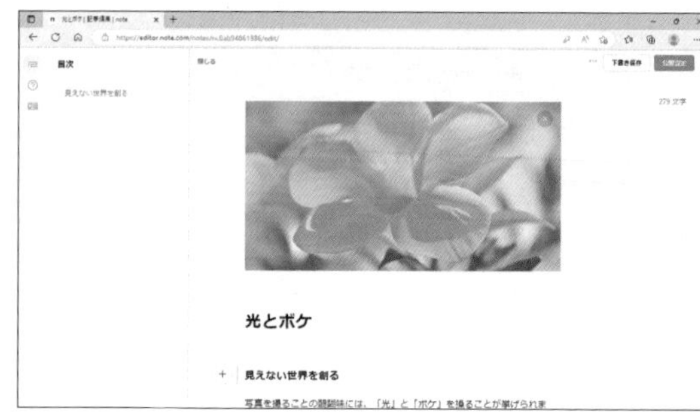

4 記事を編集し、「公開設定」をクリック。

> **Check**
>
> **もう一度下書きに保存する**
>
> 「公開設定」をクリックせずに「下書き保存」をクリックすると、その状態をまた「下書き保存」します。そのとき、以前の下書きは上書きされます。

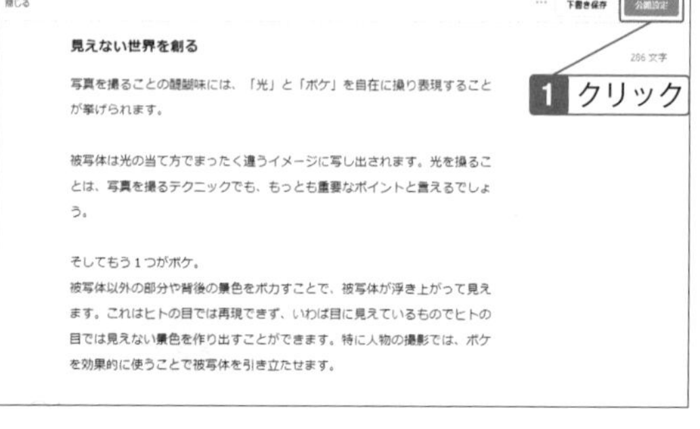

5 ハッシュタグを設定し、「投稿する」をクリック。

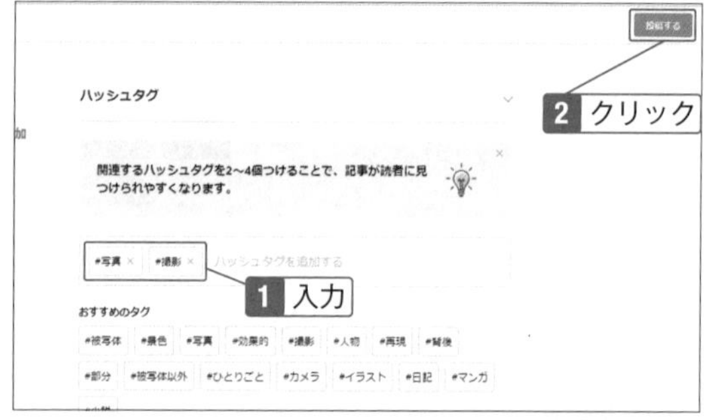

6 「閉じる」をクリックすると、記事が投稿され、公開される。

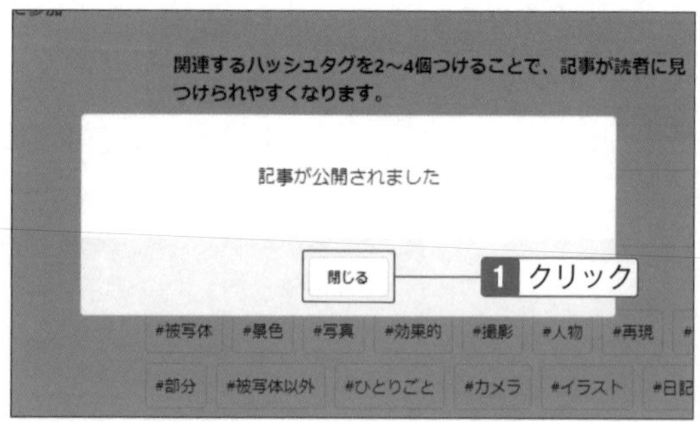

04-21

下書きを削除する

書きかけ途中で記事の公開をやめるときに

記事を書きかけて下書きで保存していたものの、公開する必要がなくなったものは削除できます。下書きの状態で削除すれば、誰も読むことはありません。なお削除した下書きは復活できませんので十分に注意してください。

不要になった下書きを削除する

1 記事を表示し、「…」をクリック。

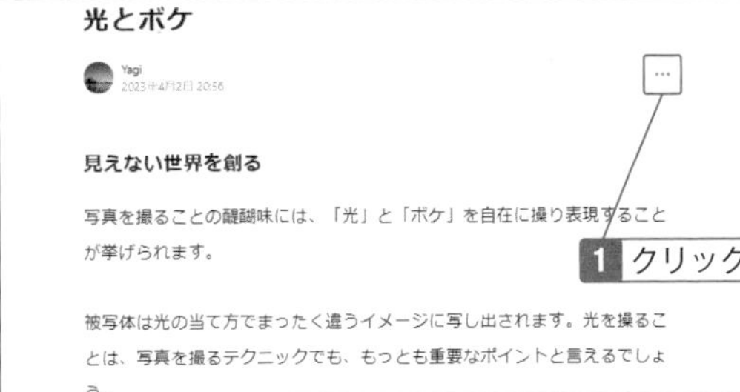

2 「下書き削除」をクリック。

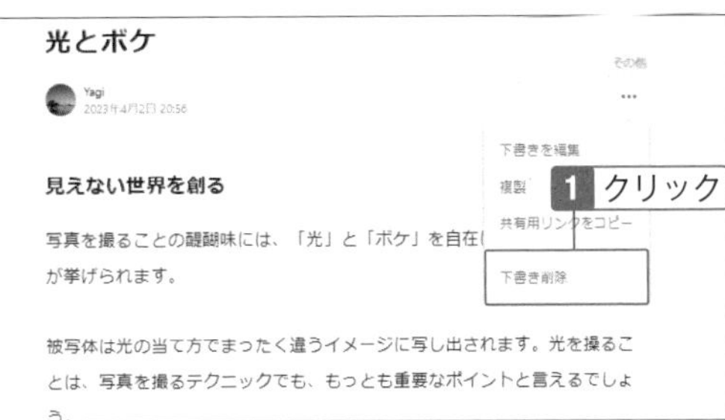

Hint

記事の一覧から操作

下書きを削除する方法は、記事のメニューから操作する他に、記事の一覧から操作することもできます。

3 「削除する」をクリック。

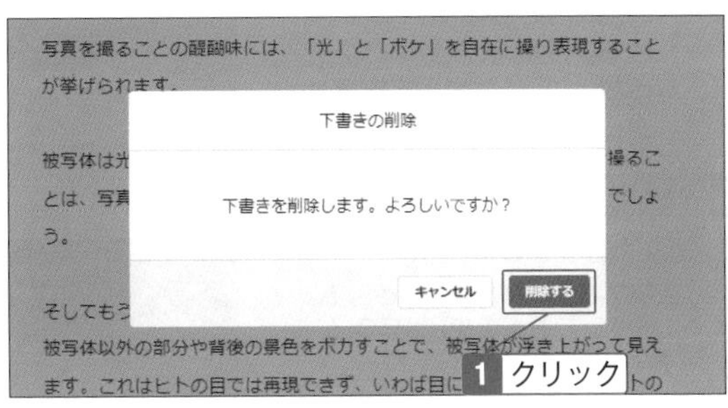

画像を投稿する

アルバム作りや写真集、イラストの公開などに使える

noteは、文章に画像を付ける投稿とは違い、画像をメインにした投稿方法があります。noteという場所で、アルバムや写真集を作ったり、イラストの作品を公開したりするといった使い方ができます。

画像をメインにして投稿する

1 「投稿」をクリック。

2 「画像」をクリック。

3 画像の投稿画面が表示される。投稿する画像の入ったフォルダを開き、画像を選択。

Check

画像はあらかじめ用意

投稿する画像はあらかじめ用意し、保存しておきます。対応する画像は、JPG、PNG形式です。

4 画像ファイルを投稿画面上にドラッグ。

Check

画像サイズは10MBまで

投稿できる画像は、サイズが10MB以下に限られます。大きなサイズの画像はあらかじめ画像編集アプリなどを使って小さくし保存しておきます。

5 画像が登録される。

Hint

複数の画像を投稿する

1つの投稿に複数の画像をまとめて投稿することもできます。投稿画面に複数の画像をドラッグします。最大30枚まで一度に投稿できます。

6 画像の説明を入力。

04 投稿・編集機能を使いこなして、読まれる記事を投稿しよう

7 タイトルを入力し、ハッシュタグを設定して、「投稿」をクリック。

> **Check**
>
> **タイトルと画像の説明**
>
> タイトルは記事のタイトルに表示されます。画像の説明は、画像の下にキャプションとして表示されます。

8 「閉じる」（×）をクリック。

9 画像が投稿される。

動画を投稿する

YouTubeチャンネルと連携した投稿ができる

noteで動画を投稿するときは、YouTubeまたはvimeoのURLを利用し、投稿します。noteには直接動画ファイルをアップロードしません。したがってYouTubeのチャンネルと連携した使い方も可能です。

URLを利用して動画を投稿する

1 投稿する動画を表示してURLを右クリックし、「コピー」をクリック。

Check 投稿にはURLが必要

動画を投稿するときにはURLが必要です。そのため動画を表示するときには、URLをクリップボードにコピーできるブラウザーなどを利用します。

2 「投稿」をクリックして、「動画」をクリック。

Check 動画をあらかじめ公開しておく

動画を投稿する場合、すでに公開されている動画を利用しますので、あらかじめYouTubeまたはvimeoでアカウントを作成し、動画を公開しておきます。

3 URLの入力画面が表示される。入力欄を右クリック。

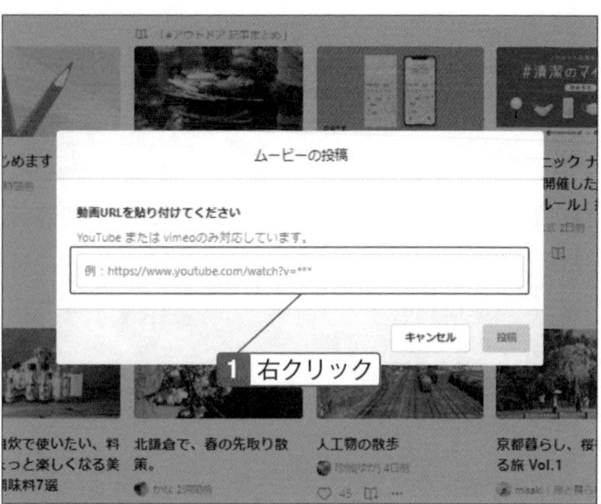

4 「貼り付け」をクリック。

Check

貼り付け直後に動画が挿入される

URLの貼り付けを行うと、URLが表示されることなく瞬時に動画のサムネイルが表示されます。

5 動画が挿入される。タイトルと説明を入力。

6 ハッシュタグを設定し、「投稿」をクリック。

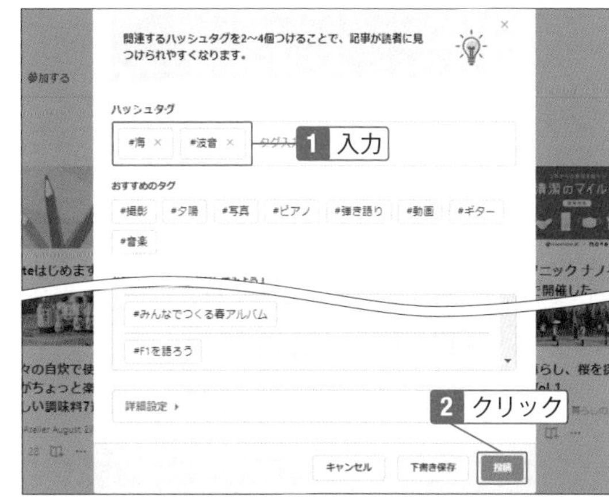

Check

タイトルと説明

タイトルは投稿記事のタイトルに表示されます。説明は動画の下に表示されます。

7 (×)「閉じる」をクリック。

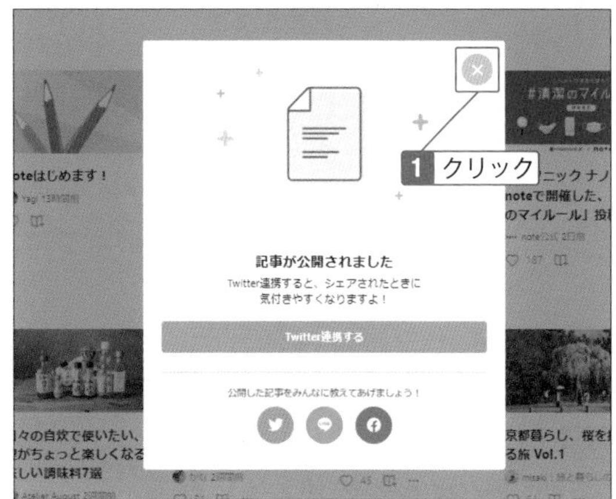

8 動画が投稿される。

Check

再生回数はYouTubeにカウントされる

YouTubeの動画を投稿した場合、動画を再生すると、再生回数はYouTubeの再生回数としてカウントされます。

04-24

音声を投稿する

オリジナルの音楽を投稿したり、ラジオ配信に活用できる

noteには映像のない音声ファイルを投稿して、音のライブラリーを作れます。自分が作曲・録音したオリジナルの音楽を発表したり、自分のトークをラジオ番組のように公開することもできます。

音声ファイルを投稿する

1 「投稿」をクリックし、「音声」をクリック。

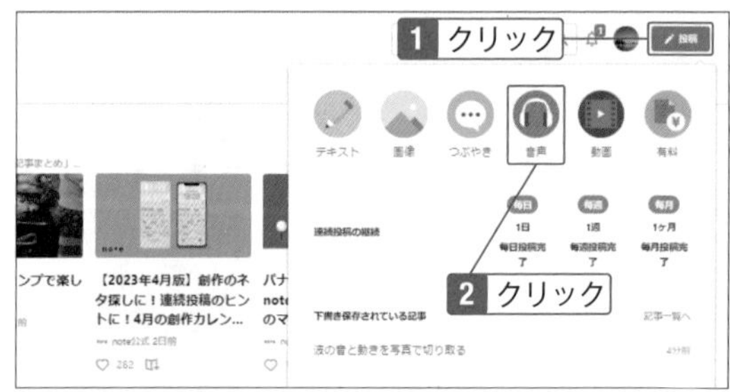

2 中央の領域をクリック。

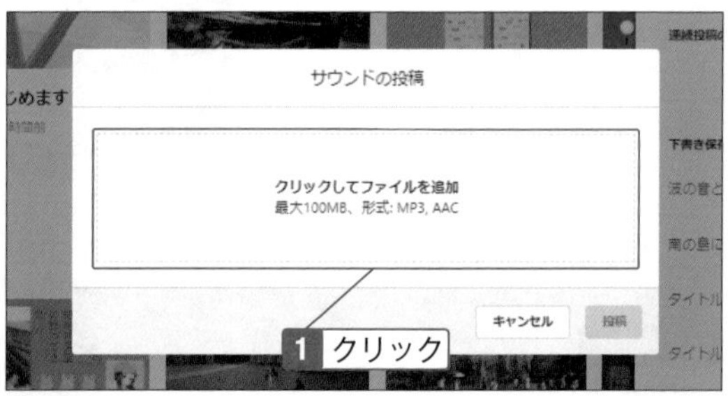

Check

音声はオリジナル音源を使う

投稿する音声は、自分のスピーチなどオリジナルのデータを利用します。市販の音楽データや放送番組を録音したデータは著作権法上、投稿してはいけません。

3 音声ファイルが入っているフォルダを開き、ファイルを選択して「開く」をクリック。

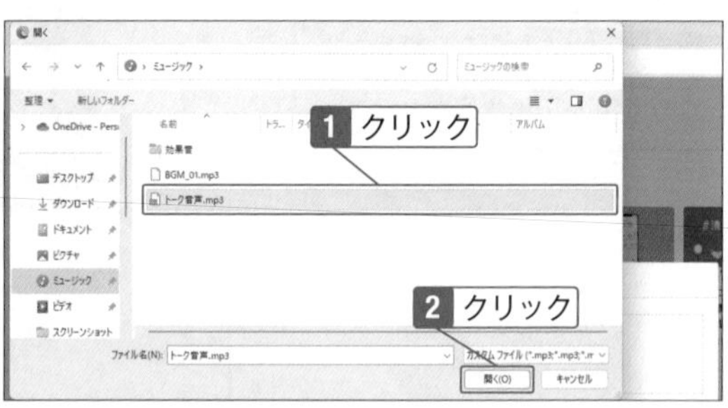

Check

多くのファイル形式に対応

投稿できる音声ファイルは、mp4やaac、wavなど、さまざまなファイル形式に対応しています。

4 音声が登録される。「クリックして画像を追加」をクリック。

5 画像を選択し、「開く」をクリック。

> **Hint**
> **画像の追加は任意**
> 音声を登録するときに、イメージとして画像を登録しておくと見栄えがよくなります。画像がなくても、音声だけの投稿も可能です。

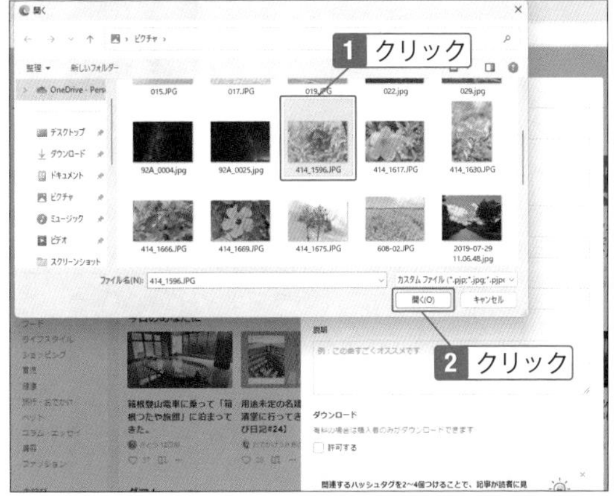

6 画像が登録される。タイトル、アーティスト、説明を入力。

> **Hint**
> **アーティストに入力するもの**
> 「アーティスト」には、本来であれば作曲者やボーカルの名前を入力しますが、ペンネームやイメージとして任意のキーワードを入力して「仮想の人物」のように仕立ててもよいでしょう。

7 「ダウンロード」の「許可する」を選択。

8 画面をスクロールし、「投稿」をクリック。

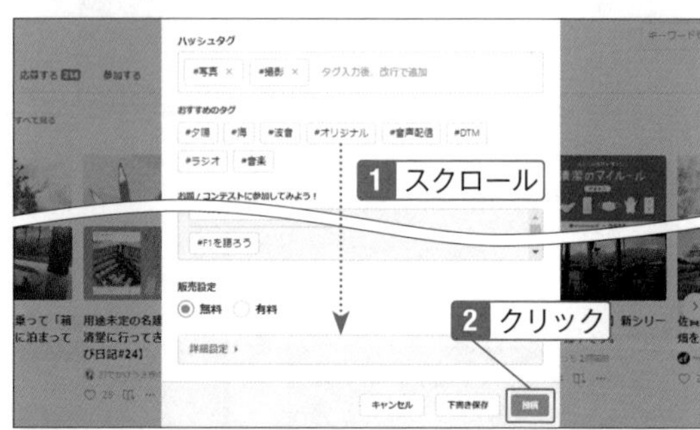

9 (×)「閉じる」をクリック。

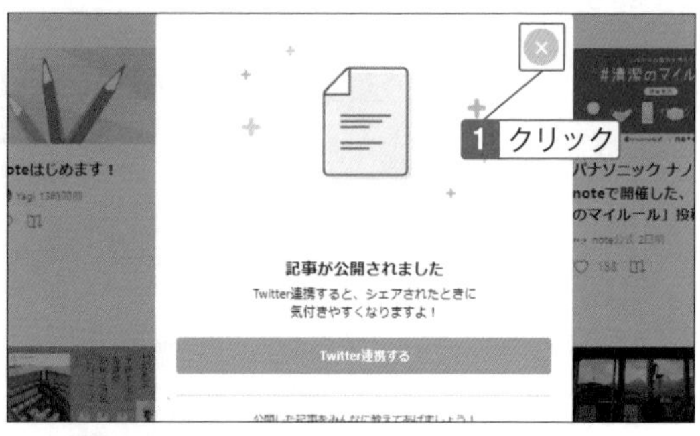

10 音声データが投稿される。

Check

音声はストリーミングが基本

投稿された音声はストリーミングで再生されます。投稿時にダウンロードを許可した場合のみ、音声ファイルとしてダウンロードできるようになります。

04-25 記事に目次を作る

目次を付けた記事が読みやすくなる効果はとても大きい

長い記事は、途中に見出しを付けておき、見出しを抽出して「目次」を作れば読み手にとって読みやすい記事になります。あらかじめ書式を見出しに設定しておけば、簡単に見出しを挿入できます。

記事の冒頭に目次を作成する

1 記事を表示して「…」(メニュー)をクリックし、「編集」をクリック。

Check

「見出し」書式を設定しておく

目次を作る記事には、目次に使う項目にあらかじめ「見出し」の書式を設定しておきます。

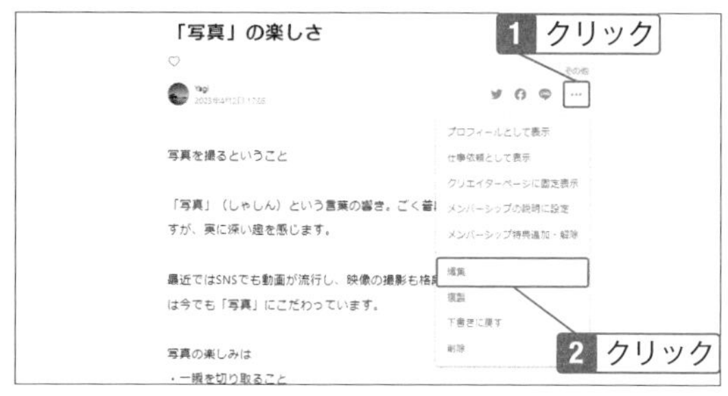

2 目次にする項目を選択。

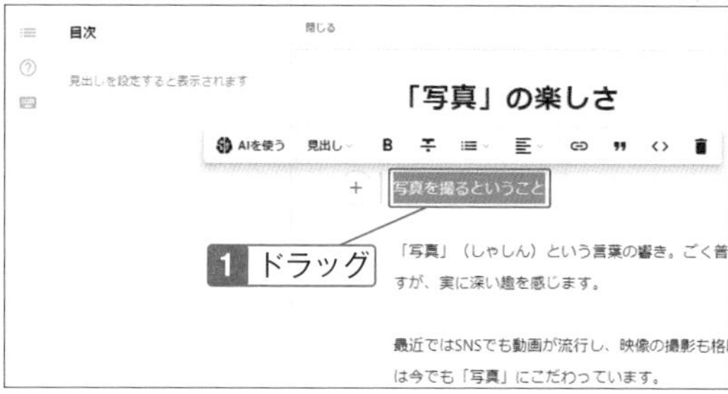

3 「見出し」を設定。

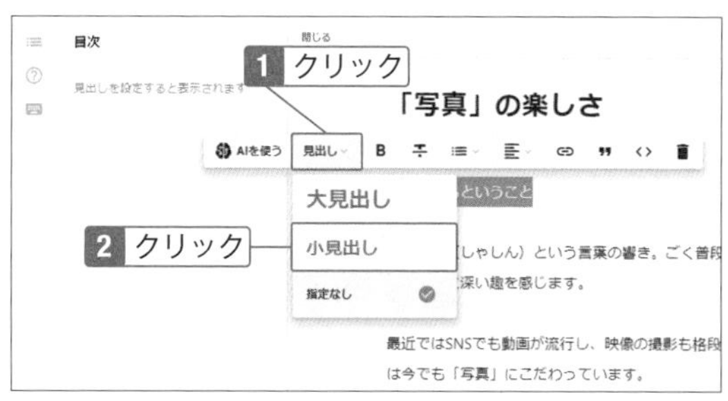

4 目次の項目に追加される。

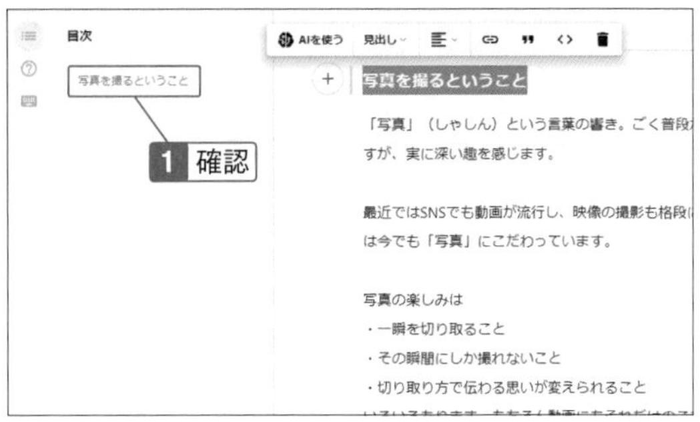

5 見出しを設定し、目次を作成したら「公開設定」をクリック。

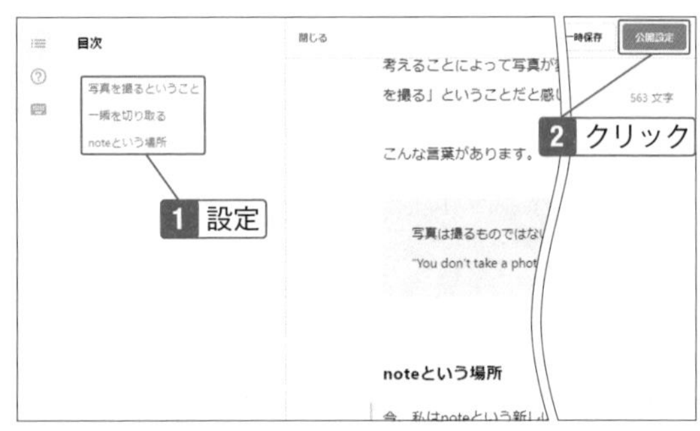

6 画面をスクロールし、「目次設定」の「最初の見出しの上に表示」をチェックして「更新する」をクリック。その後「閉じる」をクリック。

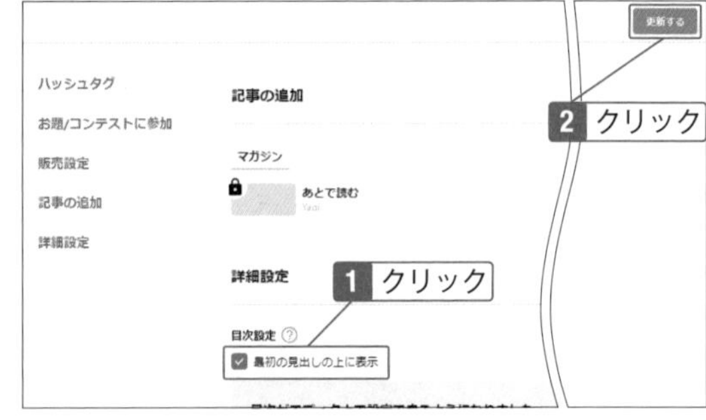

7 記事のはじめに目次が作成される。

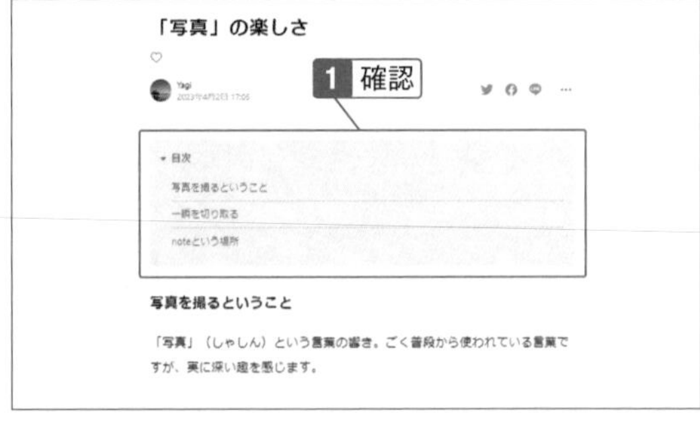

04-26

記事をフォロワーにオススメする

読んだ記事を、フォロワーにオススメとして紹介する

自分が読んだ記事で「オススメ」すると、自分のフォロワーの画面にその記事が表示されるようになります。「スキ」では自分が投稿したユーザーに伝えるだけでしたが、「オススメ」では広く拡散することができます。

記事をオススメする

1 記事を表示し、画面を下にスクロール。

2 「オススメする」をクリック。

Check

自分の記事はオススメできない

オススメできるのは他のユーザーが投稿した記事だけです。自分の記事をオススメすることはできません。

3 記事がオススメされる。

4 次に表示すると「この記事をオススメ中」と表示される。

Hint

オススメできる記事

オススメできる記事は、有料記事や有料マガジンに限られます。ただしnote公式アカウントや、企業が利用している「note pro」のアカウントでは無料記事でもオススメできます。通常の無料記事や無料マガジンでオススメする場合、サポート（SECTION07-07）をするとオススメできるようになります。

Chapter

05

noteをもっと使いこなして、充実した情報活用を行おう

noteの「プロモーション」を使うことで、投稿した記事をより多くの人に伝えられます。また、履歴や「スキ」した記事を振り返れば、投稿されている記事を上手に利用できるようになります。noteが持つきめ細かい機能や設定を使いこなして、無数にある記事からより充実した情報活用を行いましょう。

05-01 クリエイターページを見る

「クリエイターページ」は自分の情報がまとめられた場所

noteには自分専用の「クリエイターページ」があります。クリエイターページを開くと、自分の記事の他にも、メンバーシップやスキを付けた記事など、必要な情報をすばやく見つけることができます。フォローやフォロワーの数も確認できます。

自分のページを開く

1 アカウントのアイコンをクリックし、「自分のクリエイターページを表示」をクリック。

2 クリエイターページが表示される。

Check

クリエイターページの情報

クリエイターページには、さまざまな情報が集められています。

- **「…」メニュー：**自分のクリエイターページ用のQRコードを作ります。
- **設定：**ヘッダー画像やアイコン画像、自分の情報を更新します。
- **フォロー：**フォローしているユーザーやフォロワーを確認します。
- **タブ：**自分の記事や参加しているメンバーシップ、マガジンなど利用している機能やサービスを確認します。

記事の表示方法を変える

投稿が増えてきたら、カード表示を活用して見やすく

投稿した記事の表示方法は3つあります。内容の一部が見えるリストは、サイズによって大小2種類あり、それに加えて小さく並べるカード表示の中から、好みに合った表示に設定します。

リストとカード表示で切り替える

1 アカウントのアイコンをクリックし、「自分のクリエイターページを表示」をクリック。

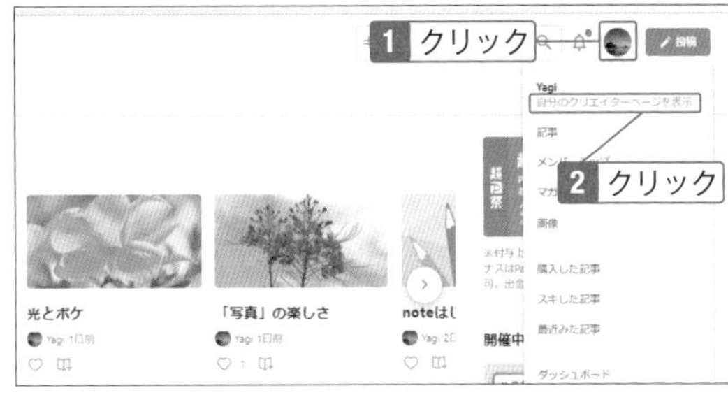

2 「設定」をクリック。

3 「レイアウト」から、いずれかの表示方法をクリックして選択し、「保存」をクリック。

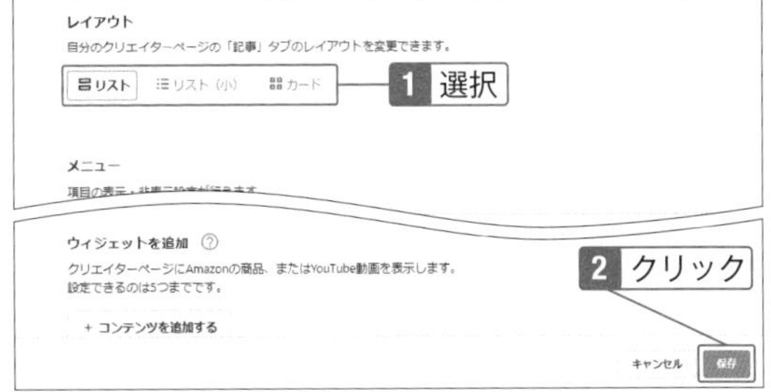

Check

他のユーザーが見たときの見え方になる

他のユーザーが記事の一覧を表示したときに、設定した表示方法になります。

4 手順3で「リスト」を選択すると、記事のタイトルと本文の冒頭部分が表示される。画像の投稿は大きく表示される。

5 「リスト(小)」を選択すると、記事が小さく表示される。画像の投稿は小さく表示される。

6 「カード」を選択すると、記事がサムネイル表示される。

Hint

「カード」表示が多い

多くの記事を投稿しているユーザーは、画面により多くの記事を表示して他のユーザーに見てもらう機会が高くなるように、カード表示に設定している傾向があります。

05-03

記事を自分のnoteの中で流用する

特定の記事を、自己紹介や仕事依頼用として表示できる

自分が投稿した記事を、自己紹介や仕事の依頼を受けるための情報として掲載します。また、クリエイターページに固定表示したり、自分が主催しているメンバーシップの説明に利用したりすることもできます。特に「プロフィール」の表示は、短い自己紹介を補足するのに役立ちます。

記事を特定の目的で流用する

1 記事を表示して「…」(メニュー) をクリック。

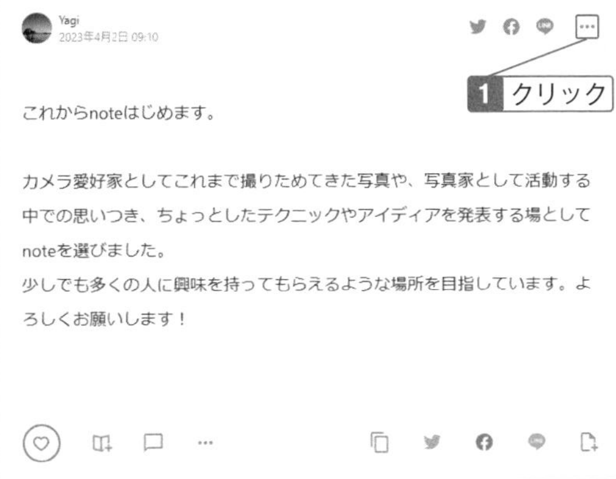

Hint

記事の一覧からメニューを表示する

記事の一覧からでも、「…」(メニュー) をクリックして、メニューを表示できます。

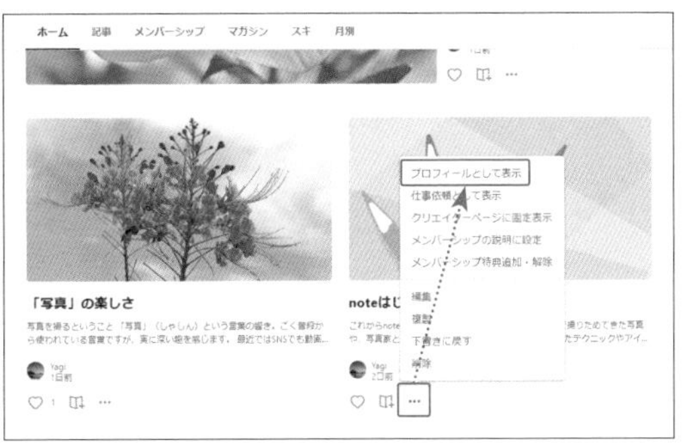

2 「プロフィールとして表示」をクリック。

> **Check**
>
> **「プロフィールとして表示」を例に操作**
>
> ここでは「プロフィールとして表示」を例に操作していますが、「仕事依頼として表示」「クリエイターページに固定表示」も同様です。

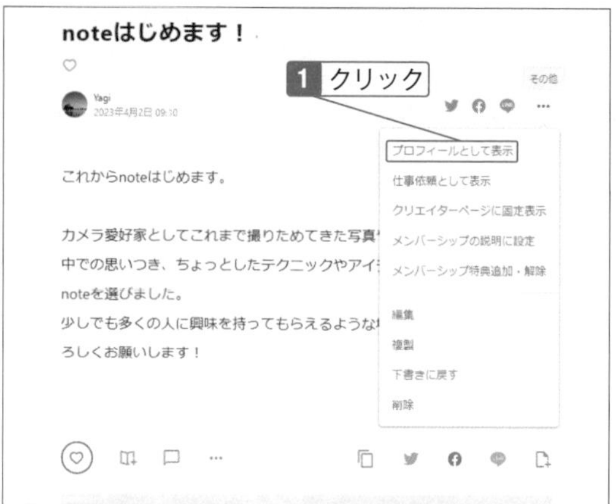

3 「OK」をクリック。

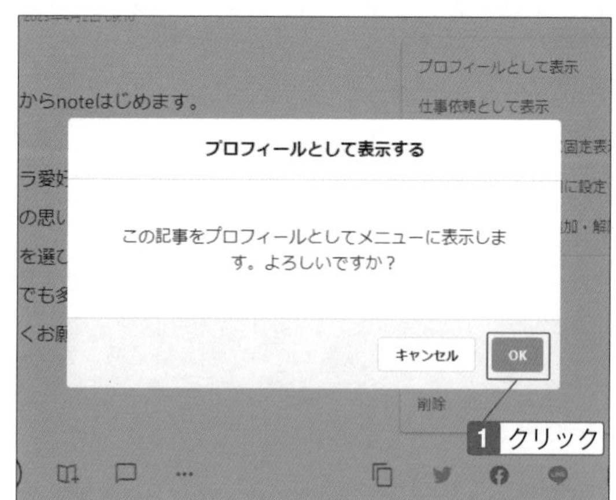

4 「閉じる」をクリック。

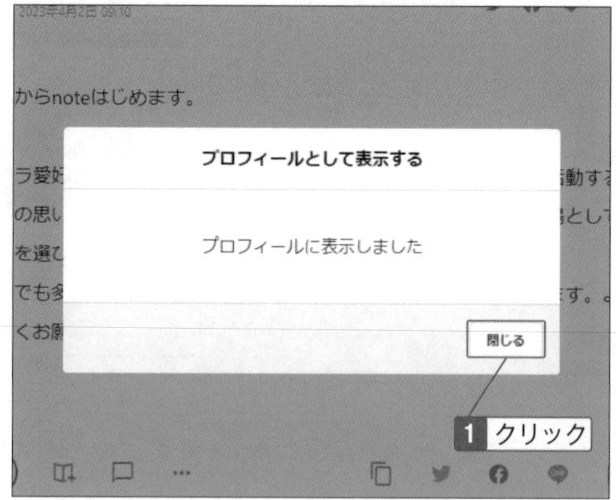

5 前ページの手順2で選択した方法で表示される。

⚠Check

表示方法の違い

「プロフィールとして表示」では、「プロフィール」タブが表示され、クリックすると記事の内容が表示されます。
「仕事依頼として表示」では、「仕事依頼」タブが表示され、記事の内容が表示されます。
「クリエイターページに固定表示」では、クリエイターページのいちばん上に記事が固定表示されます。

⚠Check

設定を解除する

流用の設定を解除するときは、同じ操作でそれぞれ「解除」を選択します。

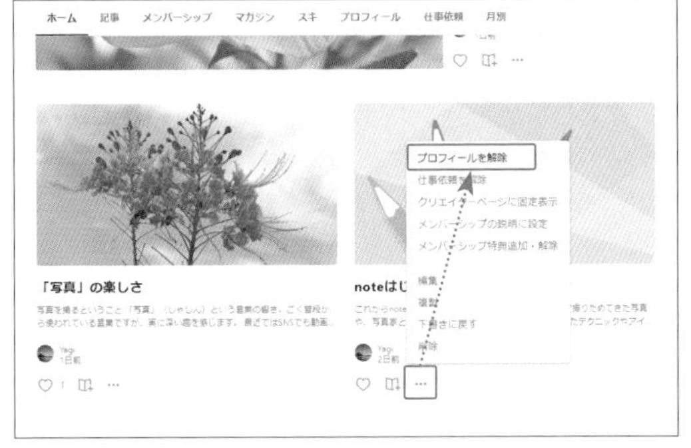

6 前ページの手順2で「メンバーシップの説明に設定」を選択すると、自分が主宰しているメンバーシップの紹介文として、メンバーシップ情報に表示される。

05-04

受け取る通知を設定する

「スキ」が付いたりフォローされたときメールやブラウザーで通知される

自分の投稿にリアクションがあったときや、自分がフォローされたときなど、動きがあったときにメールやブラウザー表示で通知を送ります。通知は、さまざまな項目から欲しいものだけを選んで設定します。

通知の種類を設定する

1 アカウントのアイコンをクリックし、「アカウント設定」をクリック。

2 「通知」をクリックして「メール」または「プッシュ通知（ブラウザ）」をクリック。

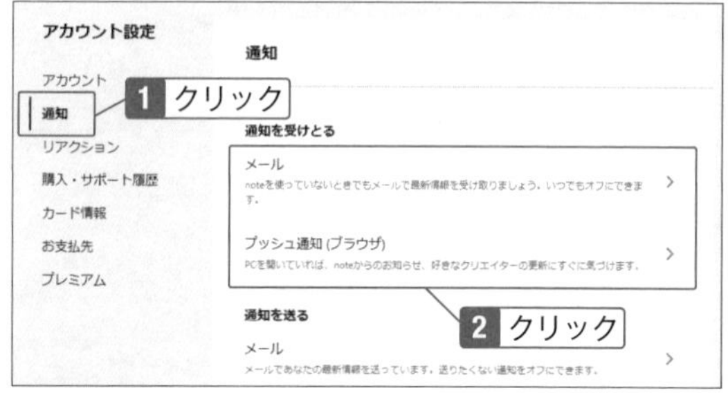

3 通知設定画面が表示される。通知を受け取る項目をオンにする。

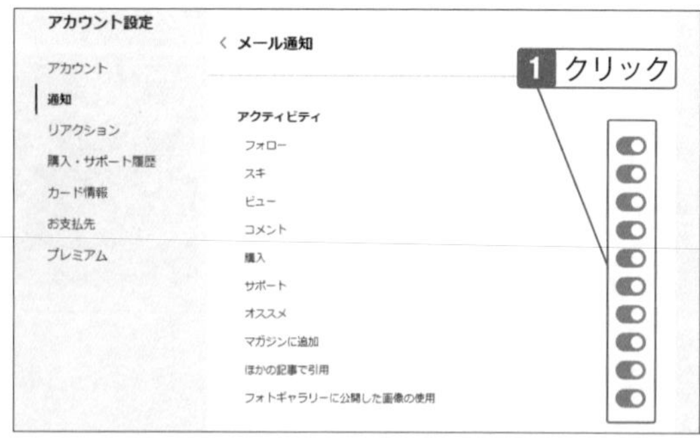

Check

不要な通知をオフにする

メール通知は初期状態ですべてオンになっています。不要な通知をオフにしましょう。

05-05

自分のTwitterアカウントをリンクする

Twitterをnoteと連携させよう

自分のnoteアカウントとTwitterをリンクし、連携させます。連携しておくと、noteのクリエイターページにリンクのアイコンが表示され、他のユーザーにも広く知らせることができます。

ホーム画面にTwitterのアイコンを表示する

1 アカウントのアイコンをクリック。

2 「アカウント設定」をクリック。

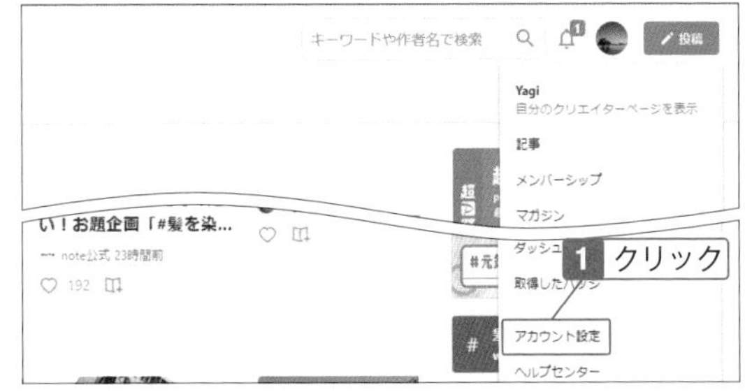

3 「ソーシャル連携」の「Twitter」をオンにする。

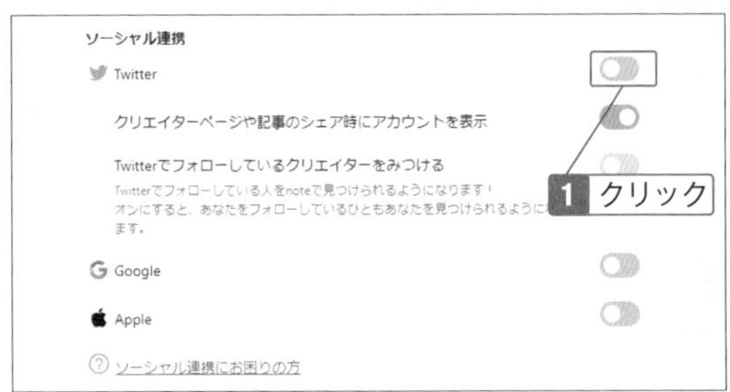

Check

リンクはTwitterのみ

リンクできるSNSはTwitterのみです。他のSNSはリンクできません。

4 「同意して連携」をクリック。

5 ログイン情報を入力し、「ログイン」をクリック。

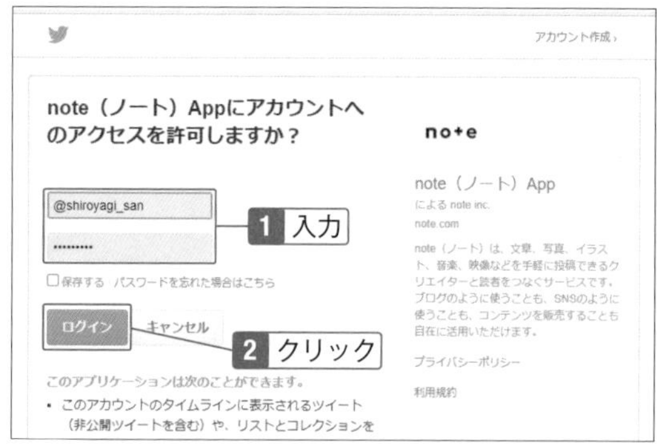

6 連携が設定される。

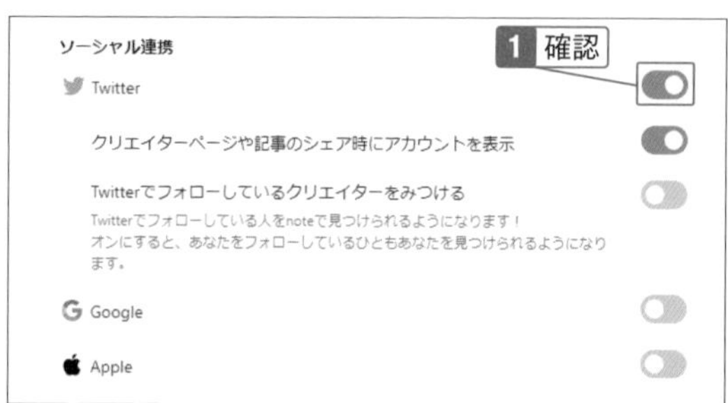

7 クリエイターページのホーム画面にTwitterのアイコンが表示される。

05-06

リアクションのお礼メッセージを設定する

自分の投稿へリアクションしてくれた人にメッセージを返そう

自分の投稿に「スキ」や「オススメ」「サポート」などのアクションをしてくれた人に、お礼のメッセージを表示します。お礼のメッセージはアクションごとに設定しておくと、より相手に気持ちが伝わります。

お礼のひとことを登録する

1 アカウントのアイコンをクリック。

2 「アカウント設定」をクリック。

Check

画面に表示される

リアクションのお礼メッセージは、リアクションした直後の、相手の画面に表示されます。相手にメールが送られることはありません。

3 「リアクション」をクリック。

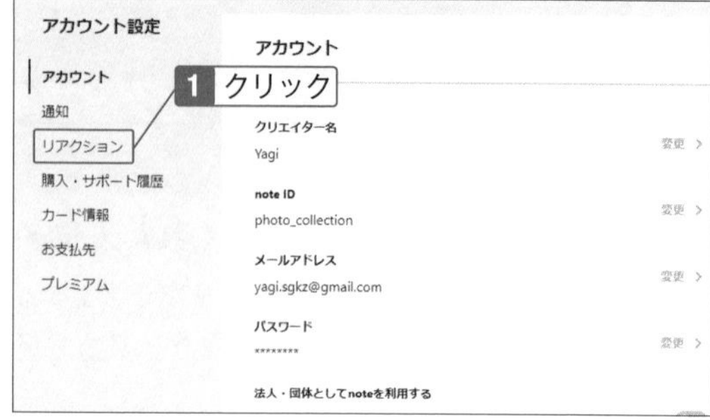

4 リアクションを登録する項目の「設定する」をクリック。

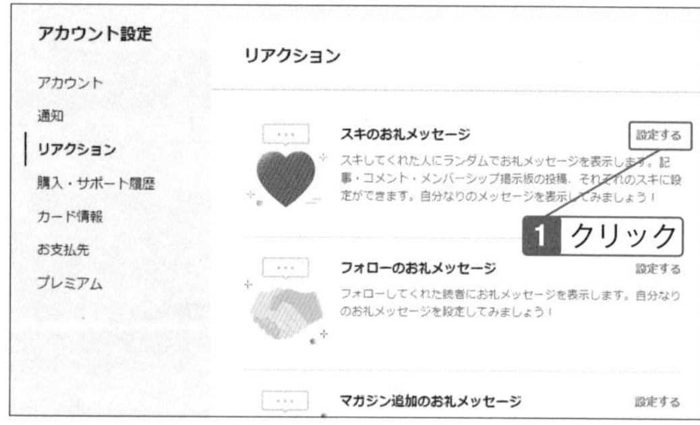

> ⚠ Check
>
> **リアクションを設定できる項目**
>
> リアクションを設定できる項目は次のとおりです。
>
> - **「スキ」のお礼メッセージ**
> - **「フォロー」のお礼メッセージ**
> - **記事購入時のお礼メッセージ**
> - **サポートエリアの説明文（記事の下に表示される部分）**
> - **マガジン購入・購読時のお礼メッセージ**
> - **サポート時のお礼メッセージ**
> - **読者へのお知らせ（note pro専用※）**
>
> ※note proは法人が運営するアカウントとして、noteの運営が認めたユーザーが利用できます。

5 メッセージを入力し、「保存」をクリック。

> Hint
>
> **複数のランダム表示**
>
> お礼のメッセージは複数登録できます。複数あると、ランダムに表示され、たとえば「スキ」を付けるたびに違うメッセージが表示されるようになるので、ユーザーを楽しませられます。

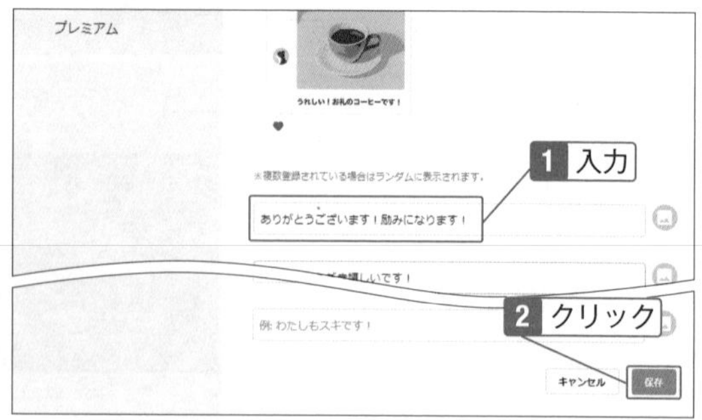

05-07

プロモーションを設定する

noteがオススメしてくれる可能性がある

記事のプロモーションを有効にしておくと、noteがオススメの記事として紹介してくれることがあります。必ずしも約束されるものではありませんが、特に理由がない限りプロモーションを有効にしておきましょう。

記事のプロモーションを有効にする

1 アカウントのアイコンをクリックし、「アカウント設定」をクリック。

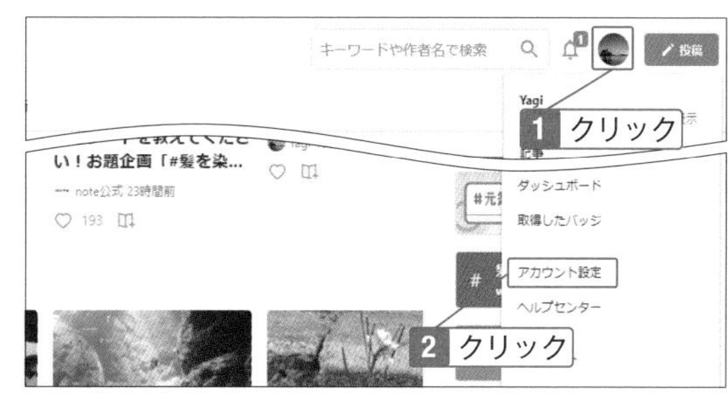

Check

プロモーションの承諾

プロモーションではnoteが記事の内容を確認し、オススメとして紹介します。そのため「勝手に拡散された」といったトラブルを避けるためにも「承諾」する仕組みになっています。

2 アカウント設定の画面が表示される。画面をスクロール。

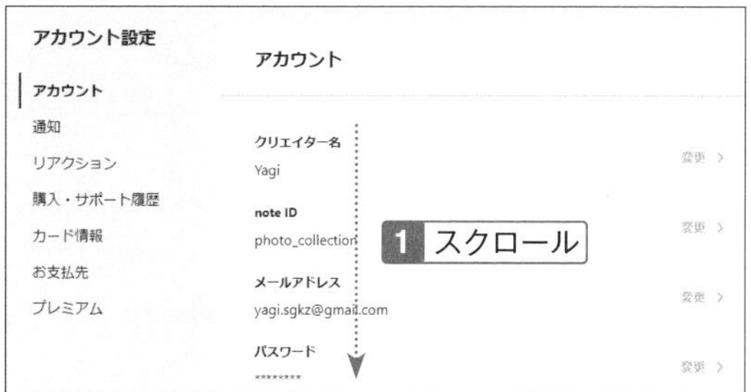

3 「ユーザー設定」の「公式SNSでの紹介～」をオンにする。

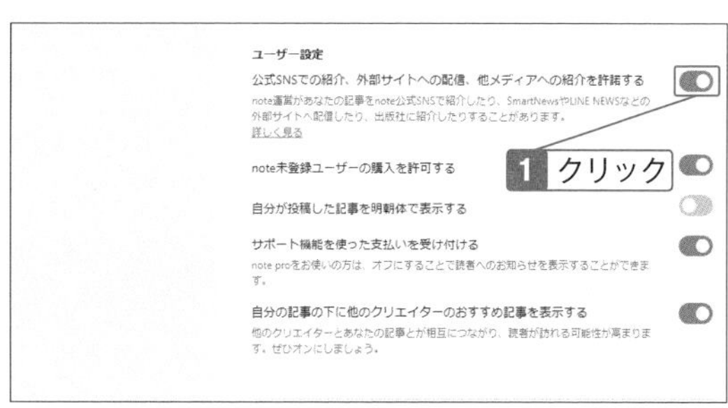

05-08

他のユーザーのプロフィールを見る

フォロワーや興味のあるユーザーがどんな人か知りたいときに

他のユーザーのプロフィールを見ると、自己紹介でどのような人か知り、どんなフォロワーがいるのかわかります。フォロワーからさらにいろいろなユーザーを知り、交流につなげることも考えられます。

ユーザーのプロフィールを表示する

1 ユーザーのクリエイターページを表示し、「プロフィール」をクリック。

2 プロフィールが表示される。

> **Check**
>
> **プロフィールを設定していない場合**
>
> ユーザーがプロフィールを設定していない場合、「プロフィール」タブは表示されません。

05-09

月別で記事を絞り込む

1か月ごとのアーカイブが作られている

自分が投稿した記事を、月別で絞り込んで表示します。1か月単位で、投稿した記事をすべて表示します。月ごとの投稿数もわかり、投稿するペースの調整や、今月あといくつ投稿するかといった分析にも役立ちます。

1か月単位で記事を表示する

1 アカウントのアイコンをクリック。

Check

基準は記事の最初の投稿日

月別でまとめる基準は、その記事が最初に投稿・公開された日です。公開後に編集したり一度下書きに戻しても、最初に投稿した日を基準にまとめられます。

2 「自分のクリエイターページを表示」をクリック。

3 「月別」をクリック。

4 表示する月をクリック。

Check

1か月の記事数が表示される

月の表示には1か月に投稿した記事の数が表示されます。

5 選択した月の記事が表示される。

05-10

スキした記事を見る

気に入った記事をもう一度読みたいときすぐに探せる

自分がこれまでに「スキ」を付けた記事を表示すれば、探さなくても改めて読めるようになります。「スキ」を付けた記事は、あとでまた読みたくなることも多いものです。気に入った記事だけのブックマークのように利用して、役立つ情報を集めましょう。

「スキ」を付けた記事の一覧を表示する

1 アカウントのアイコンをクリックし、「スキした記事」をクリック。

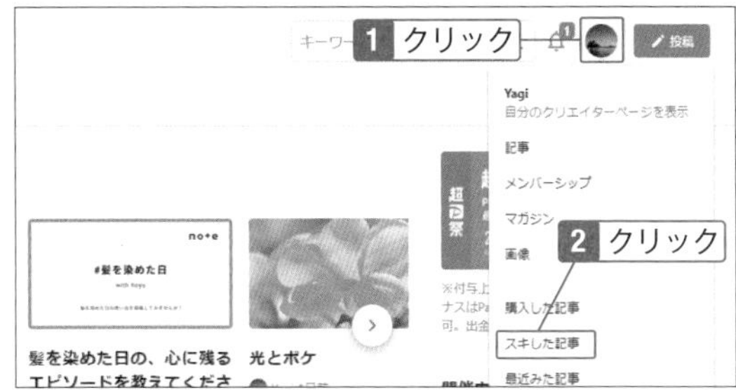

2 「スキ」を付けた記事が表示される。

Hint

「購入した記事」から表示する

「購入した記事」を表示して「スキした」をクリックしても、「スキ」を付けた記事を表示できます。

Hint

クリエイターページから表示する

クリエイターページの「スキ」タブでも「スキ」を付けた記事を表示できます。

最近見た記事を見る

気になった記事を履歴からすばやく探せる

自分が読んだ記事は履歴に保存され、「最近みた記事」から読み直せます。「あの記事、読み直したいのにどこにあったか探せない」ということもなく、自分が興味を持ち読んだ最近の記事を探せます。

最近閲覧した記事の一覧を表示する

1 アカウントのアイコンをクリック

Hint

メニューから表示する

メニューの「記事」を表示して左側の「最近みた」からも表示できます。

2 「最近みた記事」をクリック。

3 最近見た記事が表示される。

05-12 購入した記事を見る

これまでに購入した有料記事をもう一度読むときに

有料の記事を購入したときには、「購入した記事」として保存されますので、いつでも読み直すことができます。購入した記事が投稿者によって削除されたあとも、購入者には読めるように保存されています。

購入した記事の一覧を表示する

1 アカウントのアイコンをクリック。

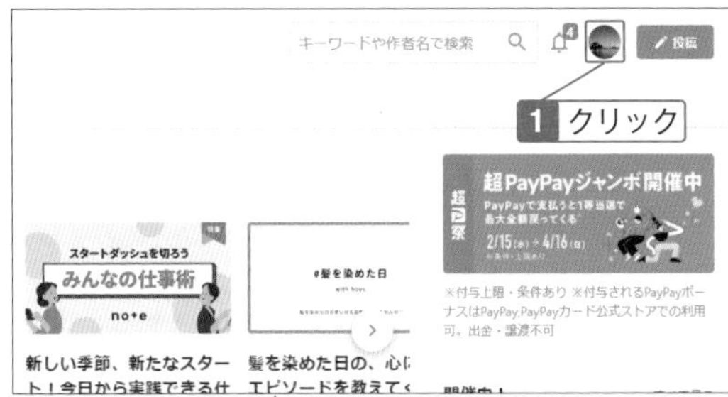

2 「購入した記事」をクリック。

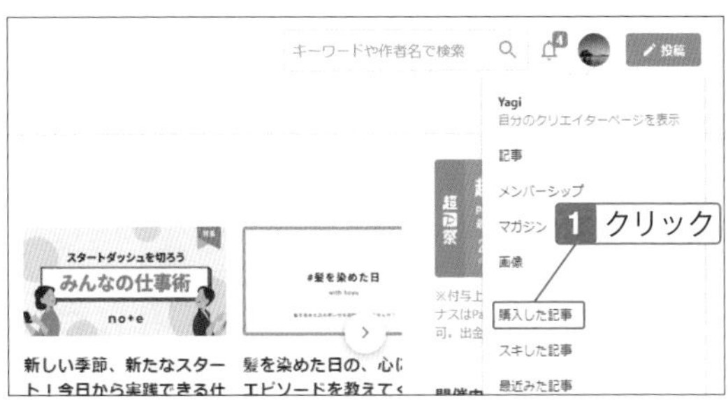

3 購入した記事が表示される。

> **Hint**
>
> **「記事」から表示する**
>
> 「記事」を表示して「購入した」をクリックしても、購入した記事を表示できます。

記事をブログに埋め込む

外部のブログやWebサイトにnoteの記事を表示できる

noteの記事を、他のブログサービスやSNSの投稿に埋め込みます。専用の埋め込みコードを取得して、埋め込むページの投稿に貼り付けます。埋め込みが可能かどうかは、それぞれのブログサービスによります。

記事の埋め込みコードを取得する

1 記事を表示して「…」(メニュー) をクリックし、「サイトに貼る」をクリック。

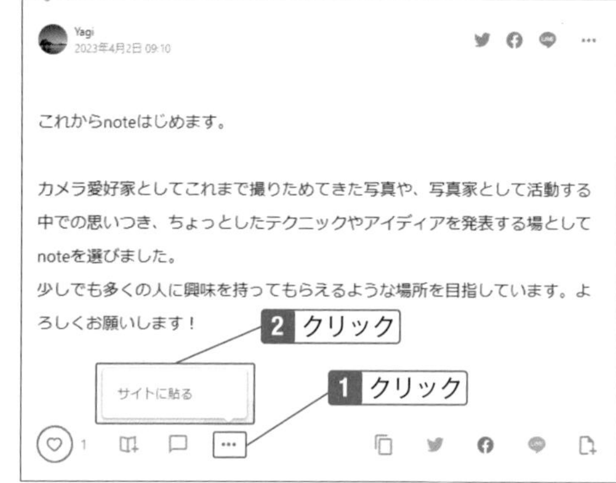

⚠ Check

記事の下にあるメニューをクリック

記事の埋め込みコードを取得するときには、記事の下にある「…」(メニュー) をクリックします。記事をクリックして全体を表示した状態でも、記事の下にある「…」(メニュー) をクリックします。

2 埋め込みコードが表示される。クリップボードにコピーして「閉じる」をクリック。

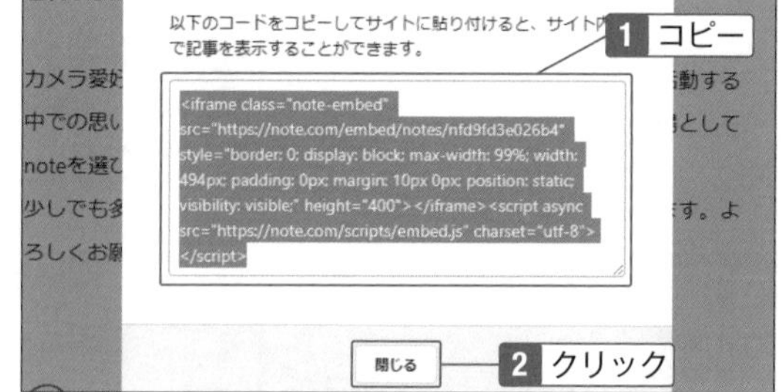

Hint

埋め込みコードのコピー

埋め込みコードをクリップボードにコピーするときは、コード全体を選択した状態で [Ctrl] キーと [C] キーを同時に押してコピーすると簡単です。右クリックして「コピー」を選択し、コピーすることもできます。

05-14

アップロードした画像を表示する

これまでにアップロードした画像データを確認したいときに

過去に投稿した画像をまとめて表示します。一覧表示から編集や削除はできませんが、画像を確認して、その画像をアップロードした記事を表示すれば、編集や削除することもできます。

画像の一覧を表示する

1 アカウントのアイコンをクリック。

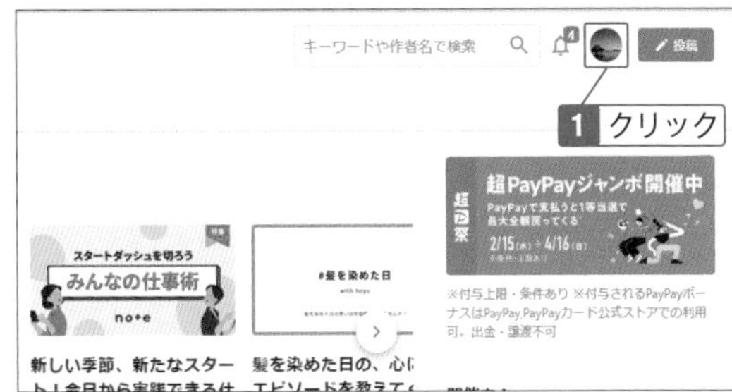

2 「画像」をクリック。

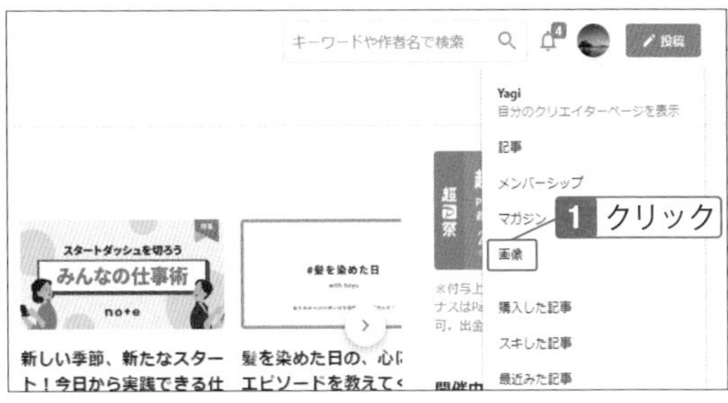

3 画像が表示される。

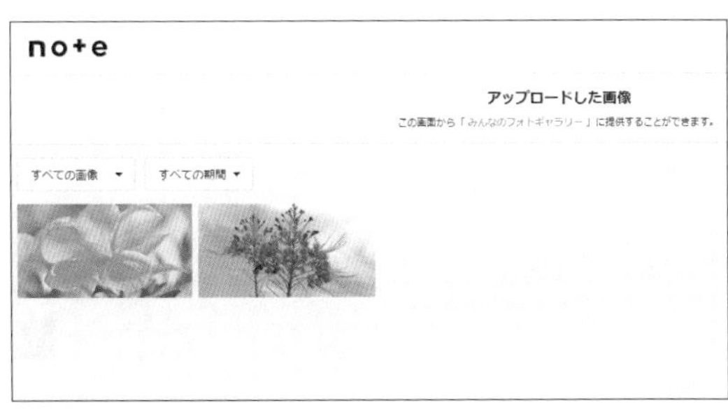

Check

表示画面で削除はできない

画像の一覧表示では、表示するだけで編集や削除はできません。編集や削除はそれぞれの記事を表示して行います。

05-15 画像を「みんなのフォトギャラリー」で共有する

自分の画像を他のnoteユーザーに使ってもらえる

「みんなのフォトギャラリー」は、ユーザーがアップロードした画像を共有して、自分のプロフィールやアイコンで利用できる機能です。よい画像ができたら、共有して他のユーザーに活用してもらいましょう。

自分がアップロードした画像を共有する

1 アカウントのアイコンをクリック。

1 クリック

Check

無償で提供する

「みんなのフォトギャラリー」はnoteのユーザーが無料で利用できる機能です。自分の画像を提供し、利用されることによる収益はありません。

2 「画像」をクリック。

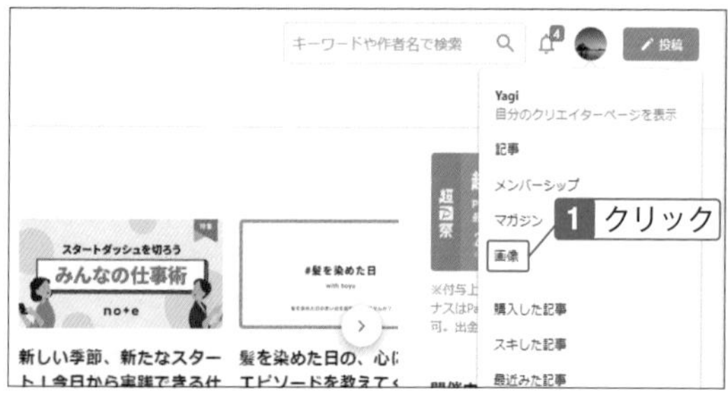

3 画像が表示されるのでクリック。

4 「みんなのフォトギャラリーに追加」をチェック。

5 キーワードと説明を入力し、利用規約をチェックして同意する。続いて「みんなのフォトギャラリーに追加」をクリック。

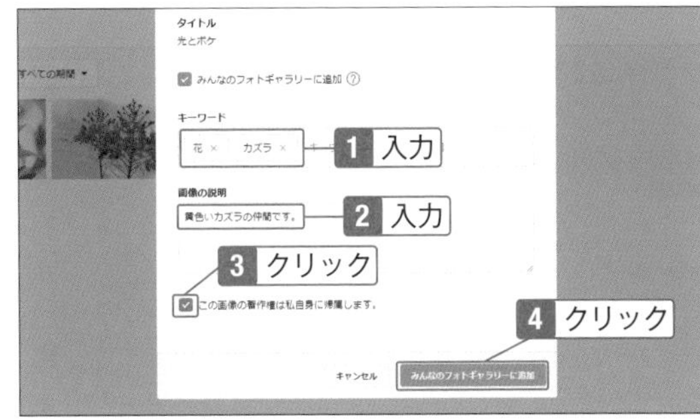

6 「みんなのフォトギャラリー」で共有される。

Check

共有をやめる

「みんなのフォトギャラリー」での共有をやめるときには、画像を表示して「みんなのフォトギャラリーから削除」をクリックします。「みんなのフォトギャラリー」には表示されなくなりますが、すでに共有済みのユーザーからは削除されません。

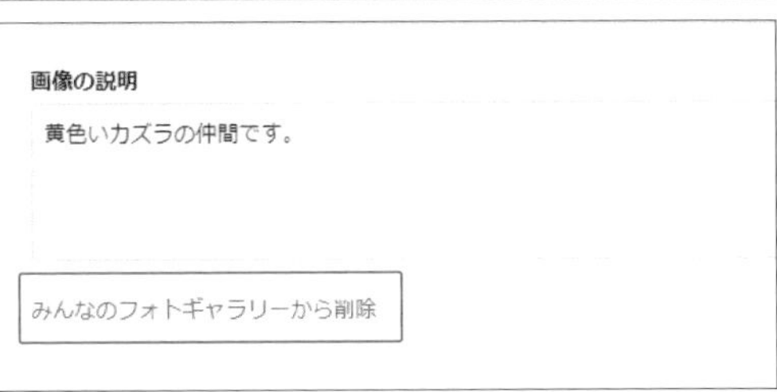

通知を見る

バッジの獲得や「スキ」が付いたときに通知が届く

noteを使っていると、さまざまな場面で通知が届きます。「スキ」が付いたときやフォロワーが増えたとき、新しいバッジを獲得したときなど、通知を見れば起きたことがすぐにわかります。

通知の一覧を表示する

1 「通知」をクリック。

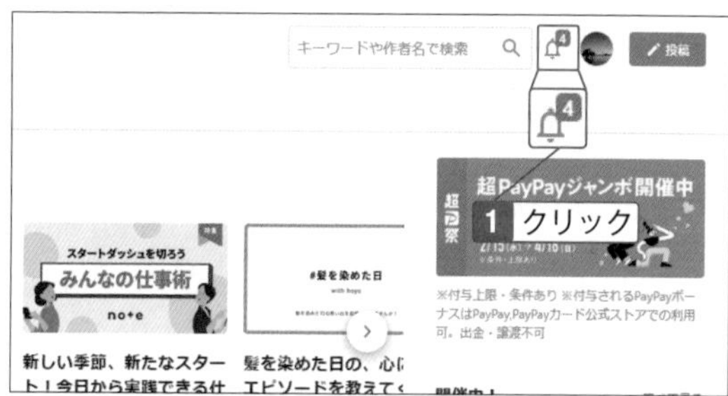

2 通知が表示される。

Hint

通知から詳細を表示する

通知をクリックすると、通知の内容に応じたページやメッセージにジャンプできます。

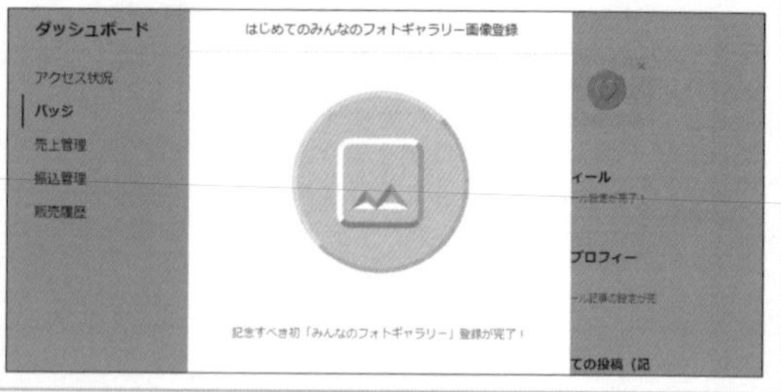

ダッシュボードでアクセス状況を確認する

アクセス数を確認して今後の対策に

ダッシュボードでは、自分の投稿へのアクセス数やスキの数を確認できます。アクセス状況のデータを確認して、今後どうすればアクセスが増えるかの検討に役立ちます。

ダッシュボードを表示する

1 アカウントのアイコンをクリックし、「ダッシュボード」をクリック。

2 アクセス状況を確認する。

Check

記事ごとのアクセス数

「記事」以下には、記事ごとのアクセス数が表示されますので、どのような話題を投稿すれば見てもらえるかの参考になります。

05-18

Twitterと連携して友だちを見つける

Twitterでフォローしているクリエイターとつながる

自分がTwitterでフォローしているユーザーがnoteを使っており、かつTwitter連携を設定している場合、自分もTwitter連携を設定することでnoteでもフォローできるようになります。

Twitterのフォローからクリエイターを見つける

1 自分のクリエイターページを表示し(SECTION05-01)、「設定」をクリック。

Hint

相互に見つけられる

自分がTwitterでフォローしているユーザーをnoteで見つけると、相手にも自分がnoteを使っていることがわかります。お互いにフォローしあって交流を深めることができます。

2 「ソーシャルリンク」の「Twitter」で「設定」をクリック。

Check

あらかじめTwitterと連携しておく

あらかじめnoteのアカウントとTwitterアカウントを連携しておきます。連携の方法はSECTION05-05を参照してください。

3 「Twitterでフォローしているクリエイターをみつける」をオンにする。

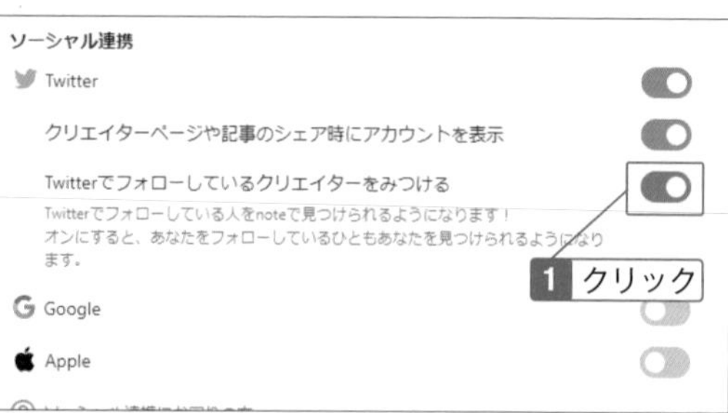

05-19

QRコードを作成する

知人にnoteを見てもらいたいときに

noteで自分専用のQRコードを作り、知人などに見せることで、相手は簡単にnoteのクリエイターページにアクセスできるようになります。対面だけでなくSNSなどに掲載してつながりを広げられます。

自分用のQRコードを表示する

1 アカウントのアイコンをクリックし、「自分のクリエイターページを表示」をクリック。

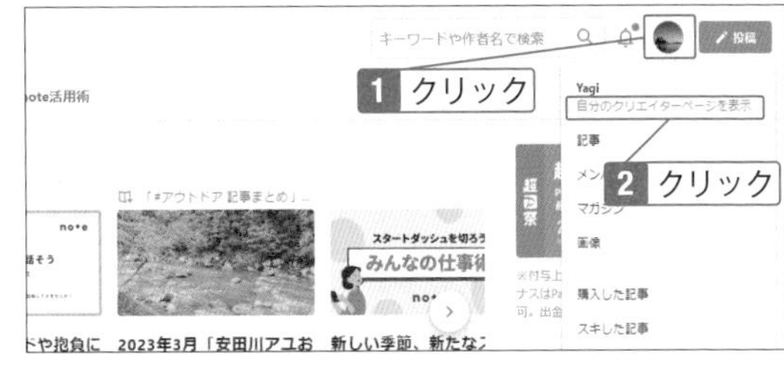

2 「…」をクリックし、「QRコードをつくる」をクリック。

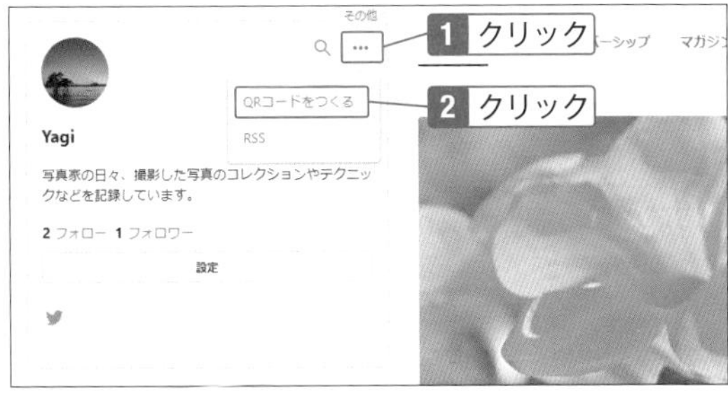

Check

QRコードの情報

noteで表示するQRコードは、スマホのカメラなどで読み込むと、ブラウザーが起動してクリエイターページが表示されます。

3 QRコードが表示される。

Hint

QRコードの使い方

QRコードは、画像として保存するとさまざまな場面で利用できます。たとえば表示したQRコードをスクリーンショットで保存しておくと、スマホに転送して表示したり、SNSなどに貼り付けて使うことができるようになります。

コンテストに参加する

企業とコラボした投稿の企画

noteでは、さまざまな企業とコラボした「コンテスト」が開催されています。コンテストでは企業ならではのテーマで記事を募集し、参加したクリエイターの中から優秀な記事に、賞が贈られます。

コンテストを確認して応募する

1 「応募する」をクリック。続いてコンテストを選んで「さっそく応募」をクリックし、記事を投稿する。

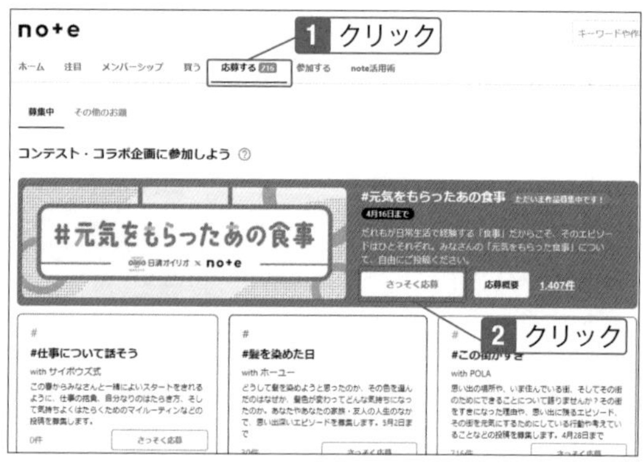

Check

コンテストの下は「お題」

コンテストの下に表示されている「書きたいテーマを探してみよう」は、noteが提案する記事の「お題」です。コンテストではありません。

Check

応募の前に概要を確認する

コンテストに応募する前に、「応募概要」をクリックして、スケジュールや企画の内容などを確認しておきます。参考作品が掲載されているコンテストもありますので、どのような記事を書いて応募すればいいのかアイディアの参考にもなります。

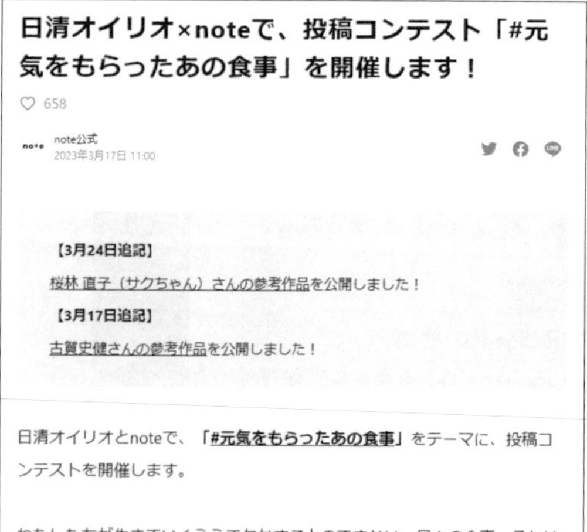
日清オイリオ×noteで、投稿コンテスト「#元気をもらったあの食事」を開催します！

658

note公式
2023年3月17日 11:00

【3月24日追記】

桜林 直子（サクちゃん）さんの参考作品を公開しました！

【3月17日追記】

古賀史健さんの参考作品を公開しました！

日清オイリオとnoteで、**「#元気をもらったあの食事」**をテーマに、投稿コンテストを開催します。

わたしたちが生きていくうえで欠かすことのできない、日々の食事。それは

Chapter

06

コンテンツをまとめた「マガジン」を作ろう

「note」の特徴の1つに「マガジン」があります。マガジンは複数の記事を1つにまとめたもので、その名のとおり「雑誌」のように記事を読めるコンテンツです。マガジンは誰でも作ることができます。自分の記事をまとめたマガジンや、役立つ情報を整理したマガジンなどを公開して、情報をより多くの人と共有しましょう。

06-01

どんなマガジンを作るか考える

数がまとまることで、より価値を生み出す

noteでは記事をまとめたものを「マガジン」と呼びます。マガジンはnoteの主要なコンテンツの１つで、無料のマガジン、有料のマガジン、定期配信されるマガジンなど価値のあるコンテンツとして人気があります。

noteを使うならマガジンを活用

noteには「マガジン」と呼ばれる機能があります。マガジンはnoteの記事を取りまとめたものです。

マガジンにはいくつか種類があり、次のように分けられます。

マガジンの分類	マガジンの種類
課金	無料のマガジン
	有料のマガジン
内容	単発で作られたマガジン
	定期的に購読できるマガジン
記事の投稿者	本人の投稿をまとめたマガジン
	他のユーザーの投稿をまとめたマガジン
マガジンの制作者	単独で運営するマガジン
	共同運営のマガジン

これらの組み合わせによって、「無料でさまざまなユーザーの記事がまとめられたマガジン」や「共同運営されている有料の定期購読マガジン」などが作られています。

マガジンと言っても、「雑誌」のように商品としてしっかりと作られたものもありますし、個人的に好きな記事を登録しているマガジンもあります。自分が投稿した記事や写真に対価を得る価値があると思えば、マガジンとして販売できます。一方で「投稿は苦手」という人でも、他のユーザーの気に入った投稿や役立つと思った投稿をまとめるだけでマガジンができます（ただし他ユーザーの投稿を含むマガジンの販売はできません）。マガジンをユーザーがフォローすれば購読できるので、あなたは投稿を1つもしていないのに、作ったマガジンが人気になる、ということもあり得ます。

マガジンの使い方はさまざまで、言い換えれば、自分のアイディア次第で、楽しいマガジンや役立つマガジンを作ることができるのです。

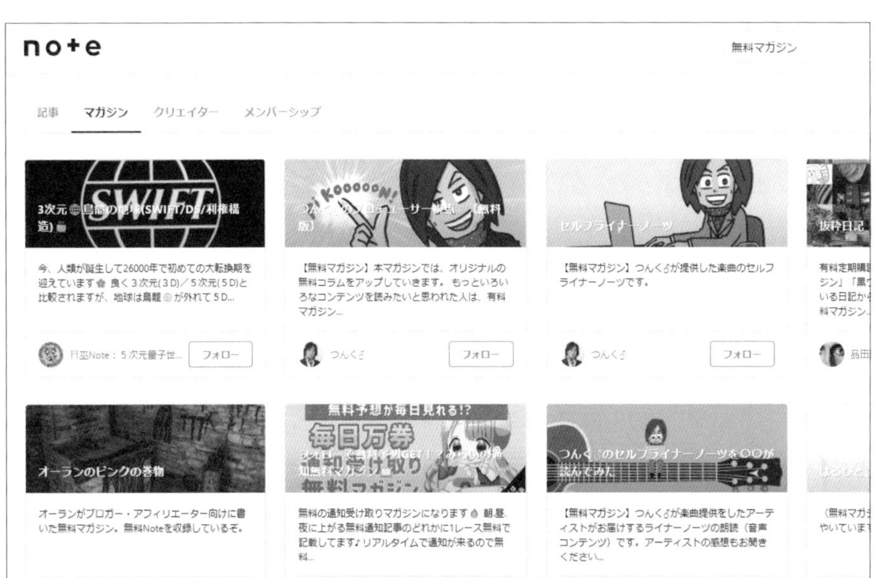

▲noteに作られているさまざまなマガジンも参考になる。

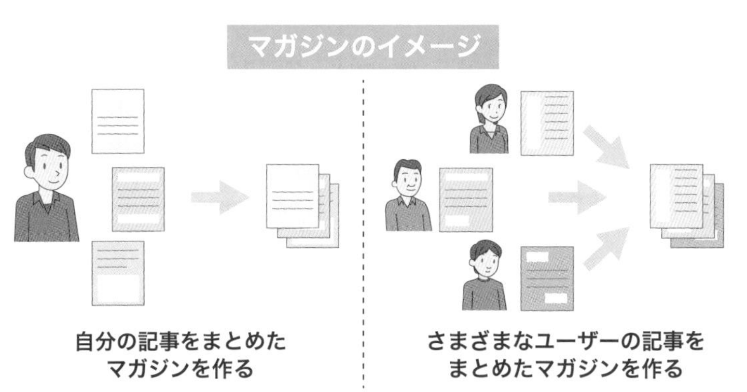

いくつも作れるので何かテーマを絞る

マガジンは通常、1ユーザーで最大21個作れます。Chapter09で触れる「noteプレミアム」サービス（有料）であれば1000個のマガジンを作れます。

いくつも作れるので、1つのマガジンにいろいろな話題を詰め込もうとせずに、1つのマガジン＝1つのテーマに絞りましょう。雑誌や書籍と同じように、タイトルを考え、それに合った内容の記事をまとめます。これまで1つのテーマに絞って記事を投稿してきたのであれば、そのテーマの投稿をまとめて1冊の本を作る感覚です。自分の投稿にいろいろな話題があれば、まとめたいテーマだけを選んで1つのマガジンにします。1つのテーマに絞ることにより、自分が投稿の中から特定のテーマだけを見たいときにも役立ちますし、自分の投稿を見ているユーザーにも1つのテーマの記事だけをまとめて読める便利なマガジンになります。

また、他のユーザーの投稿をマガジンにまとめるときも同様で、1つのテーマに絞ってマガジンを作ります。そのマガジンは他のユーザーが見れば「〇〇についてはこのマガジンを見ると情報が集まっている」という、とても役立つ情報源になります。

Hint

「ブックマーク」としての手軽な利用

マガジンはnoteの中で大きなコンテンツの1つですが、もっと軽く、「投稿記事のブックマーク」として利用することもできます。「この情報は役立つ」あるいは「あとで読もう」といった記事をマガジンにまとめておけば、いつでもすぐに読めるようになります。

noteにはブラウザーのブックマークのように、記事を直接登録しておく機能がないので、マガジンを使ってブックマークとして使えるようにできます。

▲note公式には記事のハッシュタグでまとめたマガジンがあり、同じようなテーマの記事を読める。

マガジンを作るときにはタイトルや説明を入力するので、「漠然としたもの」よりも「わかりやすいもの」に絞り込む方が読まれやすくなる。▶

無料のマガジンを作る

タイトルがマガジンにまとめられた記事のテーマになる

はじめにタイトルと説明を考え、記事が登録されていない状態のマガジンを作ります。マガジンをより多くの人に見てもらうために、マガジンのイメージを伝えるヘッダー画像も準備しておきましょう。

マガジンを新規作成する

1 アカウントのアイコンをクリックし、「マガジン」をクリック。

Check
フォローしているマガジンも表示
「マガジン」には自分が作成したマガジンの他に、フォローしているマガジンも表示されます。マガジンを簡単に呼び出し、読むことができます。

2 「マガジンを作る」をクリック。

3 「無料」をクリックして、マガジン画像の「＋」をクリック。

Check

まずは無料で作成

マガジンは有料で販売できますが、まずは無料のマガジンを作り、マガジンの作成や配信に慣れてから有料マガジンに挑戦してみましょう。

4 ヘッダー画像を選択し、「開く」をクリック。

Check

ヘッダー画像は任意

ヘッダー画像の登録は任意ですが、マガジンのイメージを伝えるために大きな役割を持ちます。多くの人に見てもらうためにも、ヘッダー画像はできるだけ登録しましょう。

5 表示される部分を調整し、「保存」をクリック。

6 「マガジンタイトル」「マガジンの説明」を入力し、「レイアウト」を選択したら「公開」になっているのを確認して「作成」をクリック。

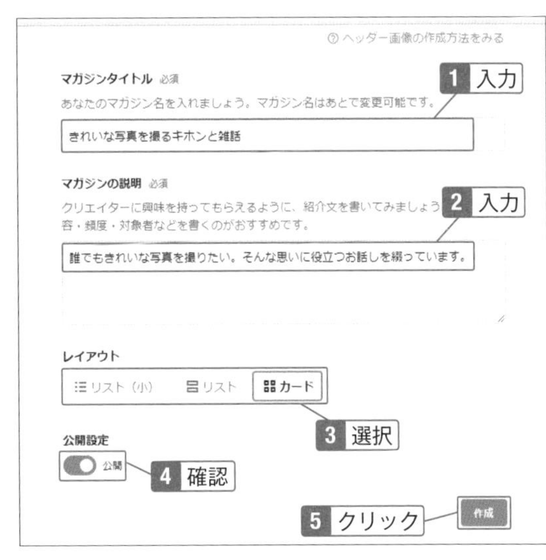

Check

とりあえず非公開にする

「公開設定」を「オフ」にしておくと、マガジンを非公開にできます。とりあえず非公開にして作成し、ある程度完成したところで公開にしてもよいでしょう。

7 マガジンが作成される。

8 マガジンの一覧に追加される。

06-03

マガジンに自分の記事を追加する

自分の投稿から内容を厳選してマガジンを作ろう

記事をマガジンに追加します。マガジンは記事が集まってこそ内容が充実するもの。自分が作ったマガジンを盛り上げ、より多くの人に見てもらうためにも、記事はこまめに追加しましょう。

記事の概要表示からマガジンに追加する

1 記事を表示して、追加のアイコンをクリック。

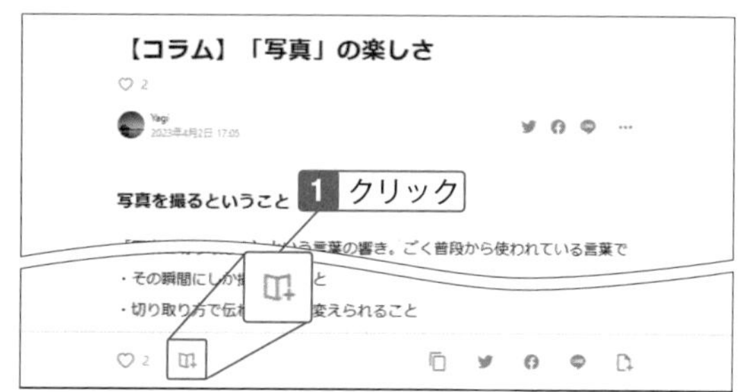

2 「追加」をクリック。

Check

複数のマガジンがある場合

複数のマガジンを作っているときは、追加するマガジンの「追加」をクリックします。

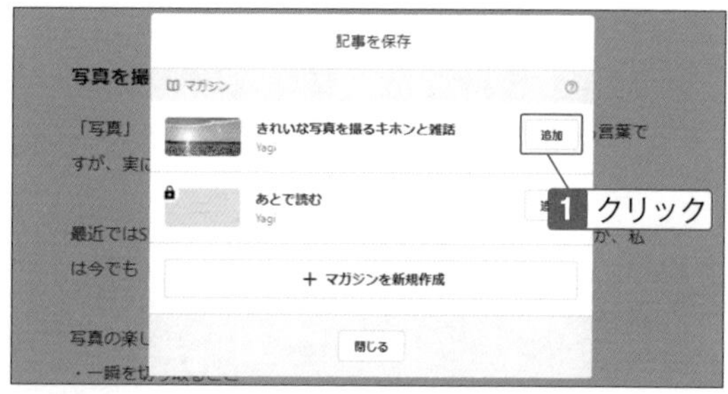

3 「追加済」に変わる。「閉じる」をクリック。

記事の設定画面からマガジンに追加する

1 記事を表示して、「公開設定」をクリック。

2 「詳細設定」をクリックし、「追加」をクリック。

3 「追加済」に変わる。「更新する」をクリック。

更新する
2 クリック
記事の追加
マガジン
きれいな写真を撮るキホンと雑話
追加済
1 確認
あとで読む
追加
詳細設定
目次設定
最初の見出しの上に表示

Hint

マガジンを新規に作る

新しく作ったマガジンに記事を追加したいときには、「マガジンを新規作成」をクリックし、マガジンを作成します。

4 「閉じる」をクリック。

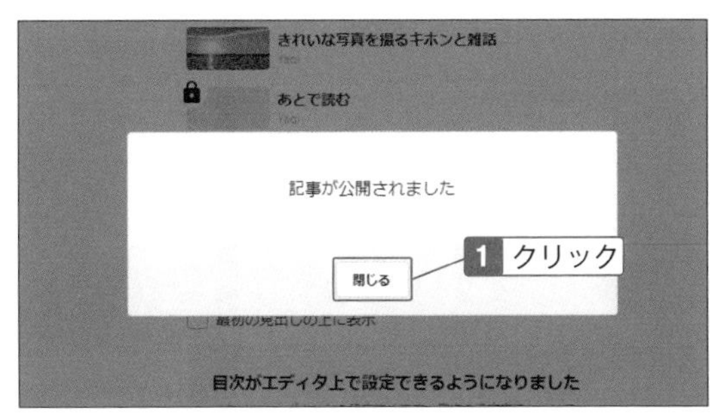

06-04

他のユーザーの記事をマガジンにする

役立つ記事を「まとめ」た情報源になる

マガジンは自分の記事をまとめるだけではなく、他のユーザーの投稿をまとめて作ることもできます。「まとめサイト」のようなものをnoteの中で作り、興味のあるユーザーに提供できます。

他のユーザーの記事をマガジンに追加する

1 記事を表示して、「＋」をクリック。

Check

相手に通知はされない

他のユーザーの記事をマガジンに登録しても、登録されたことが記事を投稿したユーザーに通知されることはありません。

2 「追加」をクリックし、「追加済」に変わるのを確認して、「閉じる」をクリック。

Check

複数のマガジンがある場合

複数のマガジンを作っているときは、追加するマガジンの「追加」をクリックします。

06-05

自分が作ったマガジンを読む

記事を手早く探せる場所としてマガジンは便利

自分で作ったマガジンは、記事を手早く探せる場所としても役立ちます。特に、自分が興味を持った投稿をまとめたマガジンなら、読みたいときにいつでもすぐに呼び出せます。資料をまとめておくといった使い方もできます。

見たいマガジンを表示する

1 アカウントのアイコンをクリックし、「マガジン」をクリック。

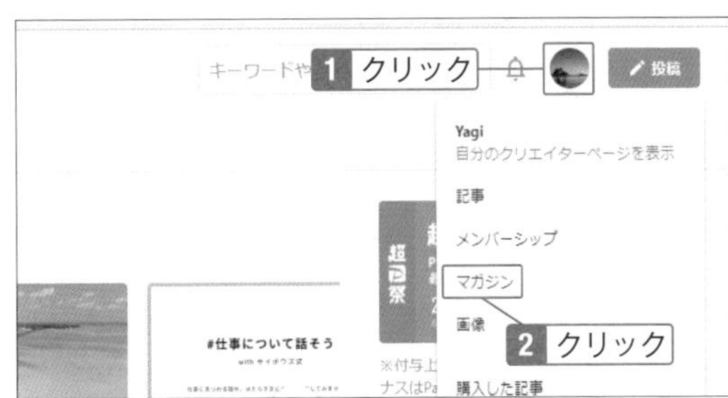

2 表示するマガジンをクリック。

Check

登録したマガジンを絞り込む

表示するマガジンを絞り込むには、サイドバーのメニューを使います。

自分：自分が作ったマガジン
購読中：購読している他のユーザーが作ったマガジン
共同運営：共同運営しているマガジン
廃刊・過去購読：廃刊になったマガジン、購読をやめたマガジン

3 マガジンが表示される。

06-06 マガジンの情報を修正する

もっと見てもらうために情報を見直そう

すでに作ったマガジンのタイトルや説明などを修正します。マガジンに登録した投稿を増やしているうちに、もっといいタイトルにしたり、説明を付け加えて内容に合うものにしたりします。

マガジンのタイトルや説明を修正する

1 アカウントのアイコンをクリックし、「マガジン」をクリック。

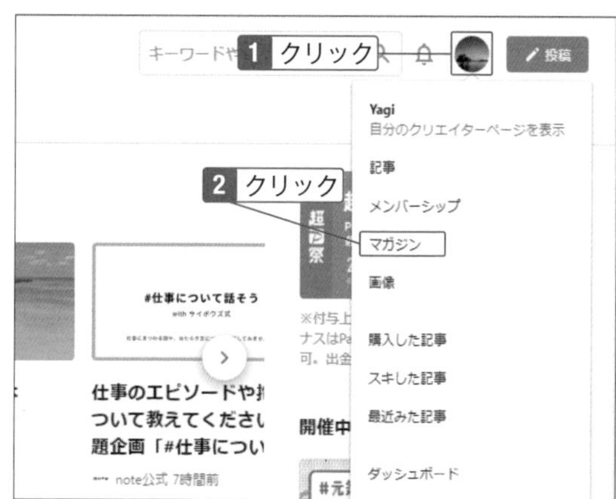

Hint
マガジンを開いてから設定する

マガジンをクリックして開き、「設定」をクリックしても、マガジン情報の修正ができます。

2 編集したいマガジンの設定アイコンをクリック。

3 情報を編集。

> **Check**
>
> **編集できる情報**
>
> 編集できる情報は、マガジンのタイトルと説明、レイアウトと公開状態です。無料のマガジンを有料に切り替えることはできません。

4 画面をスクロールして「更新」をクリック。

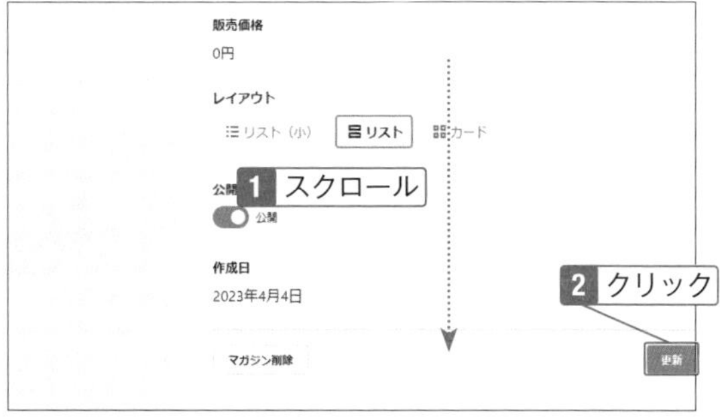

5 「閉じる」をクリック。

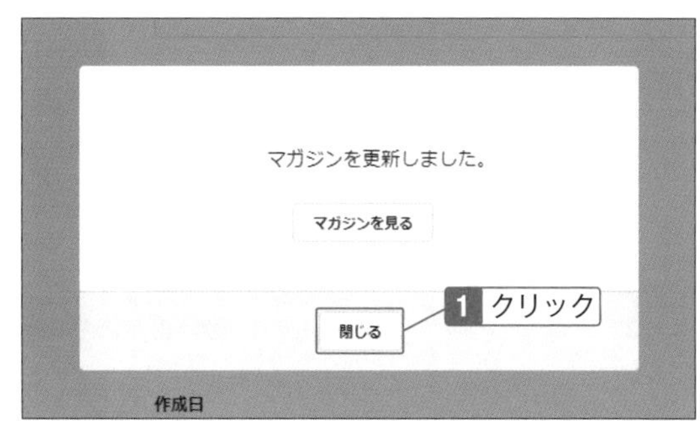

06-07

マガジンを共同運営する

他のユーザーも記事の投稿ができるようになる

マガジンは1人で作ることもできますが、複数のnoteユーザーで共同作業を行い、投稿や更新ができます。共同作業で役割を分担し、より大きな規模のマガジンを運営することも可能です。

オーナーと管理者とメンバー

マガジンを共同運営すると、複数のユーザーで更新や編集ができるようになります。大規模なマガジンは1人で運営すると大きな労力が必要となるので、共同で運営して効率を上げ、内容を充実させることができます。

共同運営マガジンでは、運営に参加しているユーザーを3つの役割に分類しています。
はじめに「オーナー」は、マガジンを作ったユーザーで、すべての権限を持ちます。次に「管理者」はオーナーや別の管理者から招待されたユーザーの中で、記事の投稿に加えて、マガジンの情報を編集したり記事を削除したりする権限を持ちます。そしてもう1つ「メンバー」は、招待されたユーザーですが、権限が記事の投稿に加えて、カバー画像の編集、説明文の編集に限られます。3段階に分かれた権限で、それぞれの役割を遂行しながら、マガジンを運営していきます。

共同運営マガジンの権限

	オーナー	管理者	メンバー
メンバーの招待	○	○	×
カバー画像と説明文の編集	○	○	○
記事の投稿	○	○	○
記事の削除	○	○	×
定期購読の停止	○	×	×

ユーザーを招待する

他のユーザーを共同運営マガジンに「共同運営者」として招待できる

共同運営マガジンで、運営に参加するユーザーを招待します。招待したユーザーは初期状態で「メンバー」となり、記事の投稿やカバー画像の変更、マガジンの説明文の編集ができるようになります。

共同運営のメンバーに招待メールを送る

1 アカウントのアイコンをクリックし、「マガジン」をクリック。

Check
招待の上限
　無料ユーザーの場合、招待できるユーザーの上限は99人です。共同運営者の合計は最大100人となります。

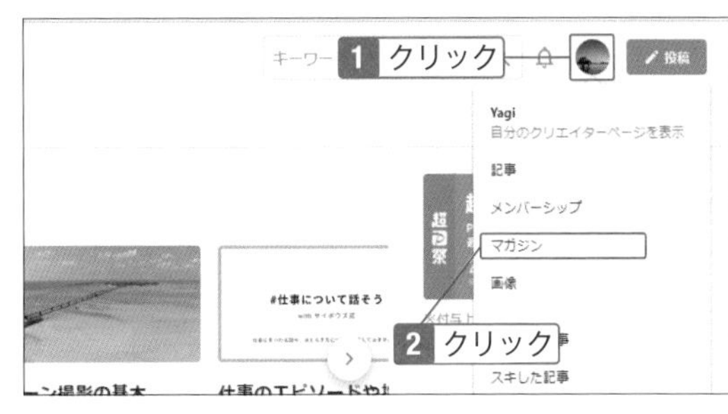

2 メンバーを招待するマガジンの設定アイコンをクリック。

3 「メンバー管理」をクリック。

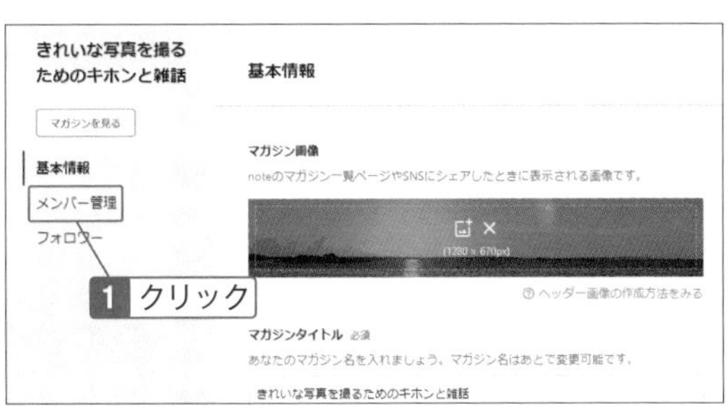

4 「メンバーを招待」をクリック。

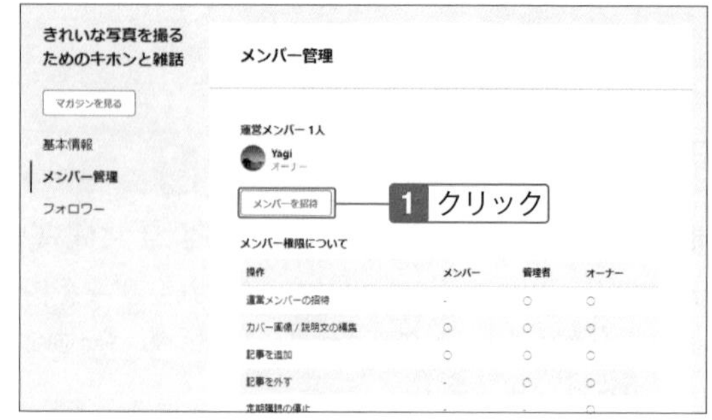

Check

メールアドレスでは招待できない

共同運営のメンバーに招待するには、そのユーザーの「note ID」が必要です。相手のメールアドレスでは招待できません。

5 招待するユーザーの「note ID」を入力し、表示されたユーザーをクリック。

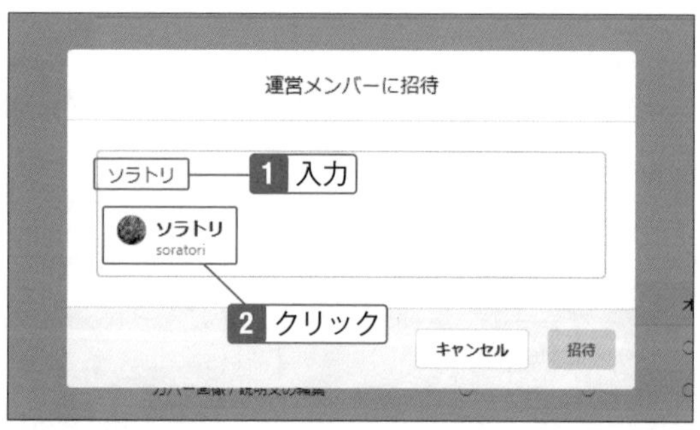

Hint

note IDを一部だけ入力

note IDは1文字目から入力していくと、該当するユーザーの候補が表示されます。すべてを入力しなくても、目的のユーザーが見つかったら、ユーザーをクリックします。

6 「招待を送信」をクリック。

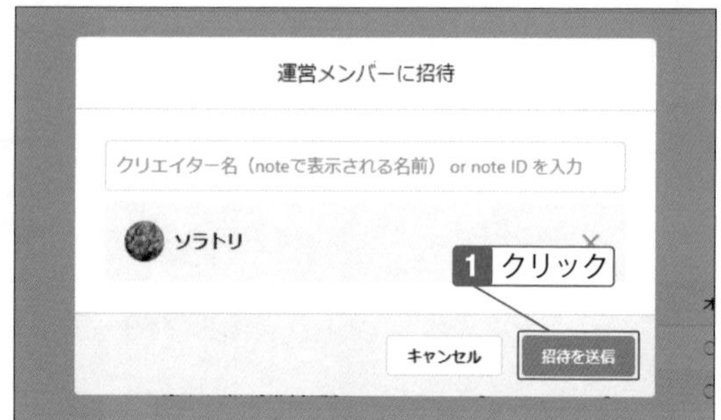

7 「閉じる」をクリック。

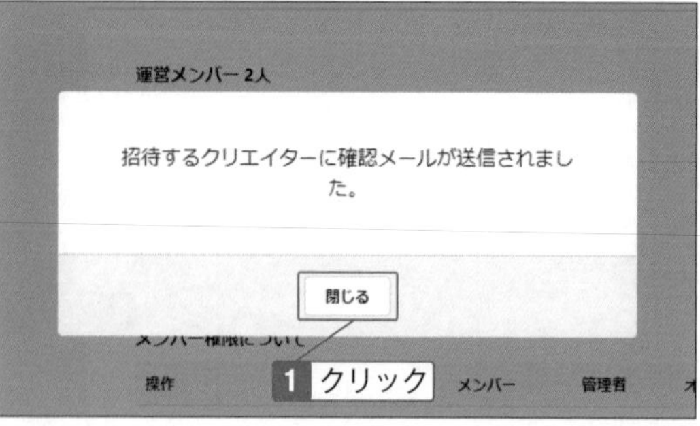

Check

参加を待つ

招待したユーザーがメールを確認し、参加する手続きを行うと、招待が完了します。

招待されたユーザーが参加する

1 招待されたユーザーにメールが届くので、リンクをクリック。

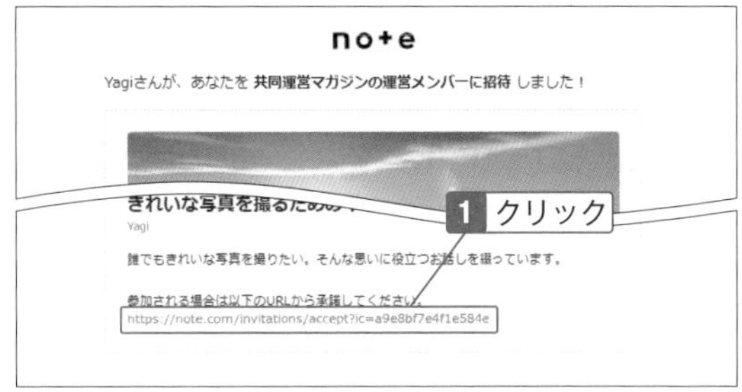

2 「閉じる」をクリック。

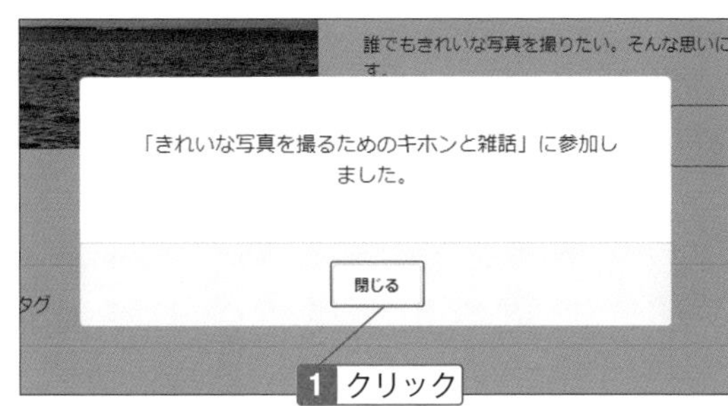

ユーザーの参加を確認する

1 通知で参加したことが届く。

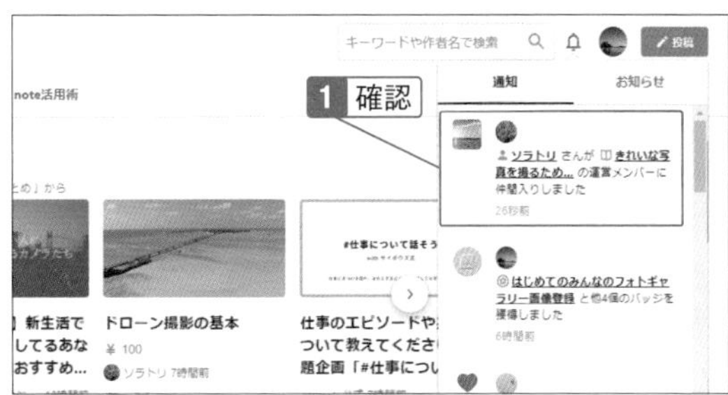

2 マガジンの設定ページに招待したユーザーが表示される。

06-09

マガジンをフォローする

フォローしておけば、マガジンの新規投稿を見逃さない

マガジンは「フォロー」することで、すばやく記事を読めるようになります。興味のある話題のマガジンをフォローしておけば、マガジンに新規の記事が投稿・追加されたことがすぐわかり、最新の情報をすぐにチェックできるようになります。大切な情報も見逃すことがありません。

興味のある話題のマガジンをフォローする

1 検索ボックスにキーワードを入力して、「検索」をクリック。

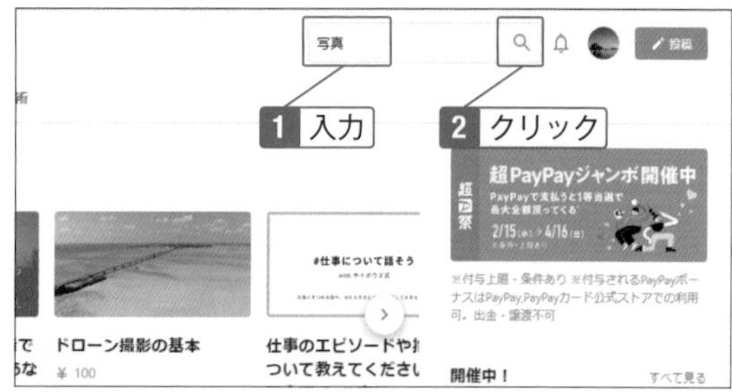

Hint

マガジンを効率的に探す

マガジンはキーワード検索で探しますが、登録されているマガジンの数はとても多いので、複数のキーワードを使いできるだけ細かく絞り込んで検索すると、興味に合うマガジンを探し出せるようになります。

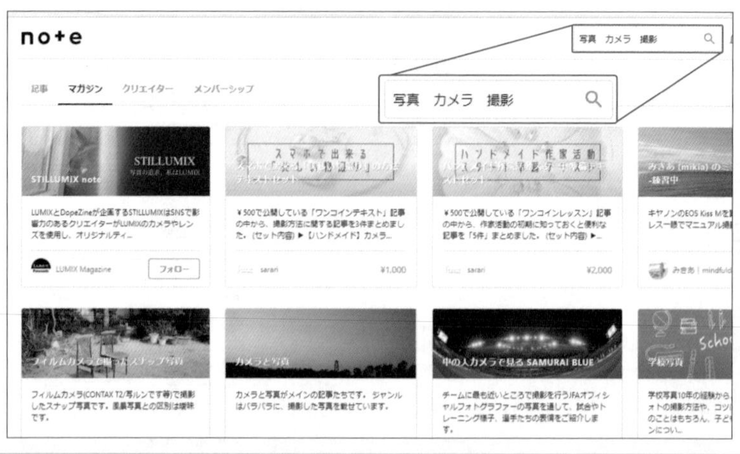

2 「マガジン」をクリックして、フォローするマガジンをクリック。

> **Check**
> **マガジンの一覧からフォローする**
> マガジンの一覧で「フォロー」をクリックしてもフォローできますが、内容を確認してからフォローする方が確実です。

3 「フォローする」をクリック。

4 「フォロー中」に変わる。

> **Check**
> **フォローするとホーム画面に表示される**
> マガジンをフォローすると、ホーム画面の「フォロー中」に表示されます。また、フォローしたマガジンに追加された記事は、ホーム画面の記事にも表示されるようになりますので、マガジンを開かなくても、興味のある記事を見逃さず読むことができます。

06-10

マガジンの記事を並べ替える

マガジンの構成を整理して流れを作ろう

マガジンの記事は登録順に並べられます。これを好みの順序に並べ替えます。時系列や話題の流れなどを考え、読んでいるユーザーがより内容を理解しやすいように並べ替えることも運営が担う作業の１つです。

表示する記事を、任意の順序に変える

1 マガジンを表示し（SECTION06-02）、記事の順序を変えるマガジンをクリック。

Check

基本の並び追加順

マガジンに表示される記事は、基本的に新しく追加したものがいちばん上に表示されます。

2 「並べ替え・削除」をクリック。

3 移動する記事をクリックしてドラッグアンドドロップ。

> **Check**
> **1つずつ位置を移動する**
> 記事のタイトルの左に表示されている「∧」「∨」をクリックすると、記事を1つずつ、ボタンの方向に移動できます。

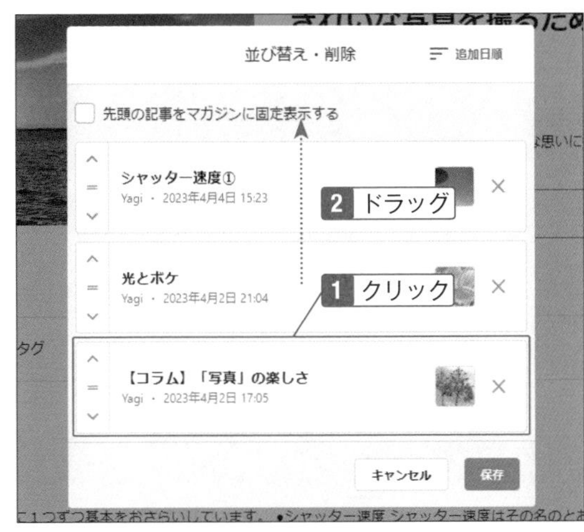

4 記事の順序が変わる。「保存」をクリック。

> **Check**
> **マガジンから記事を外す**
> 「×」をクリックすると、マガジンから記事が外されます。（記事は削除されません）

5 記事の表示順序が変わる。

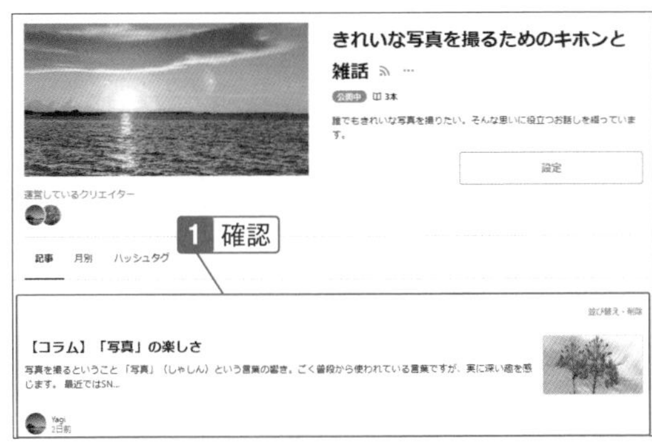

06 コンテンツをまとめた「マガジン」を作ろう

マガジンの先頭記事を固定する

マガジンの「リード」としても使える。読者の興味を引こう

マガジンには追加した記事のうち１つだけを、先頭に固定して表示できます。固定した記事はつねにマガジンの最初に表示されるので、マガジンの内容を詳しく説明したリード文の役割としても利用できます。

先頭に表示する記事を選ぶ

1 アカウントのアイコンをクリックし、「マガジン」をクリック。

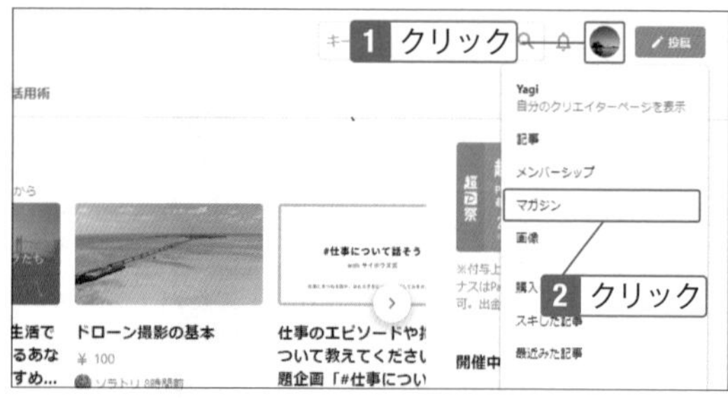

2 記事を固定するマガジンをクリック。

3 「並べ替え・削除」をクリック。

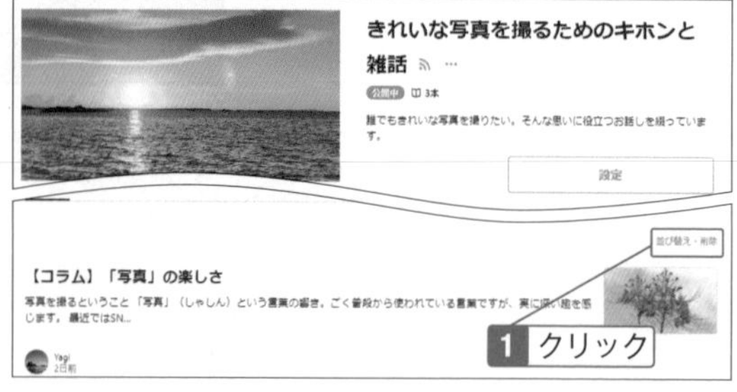

Check

つねに先頭に表示される

固定した記事は、それ以降新しく記事を追加しても変わらず先頭に表示されます。

4 「先頭の記事をマガジンに固定表示する」をクリック。

5 「保存」をクリック。

6 「固定された記事」として表示される。

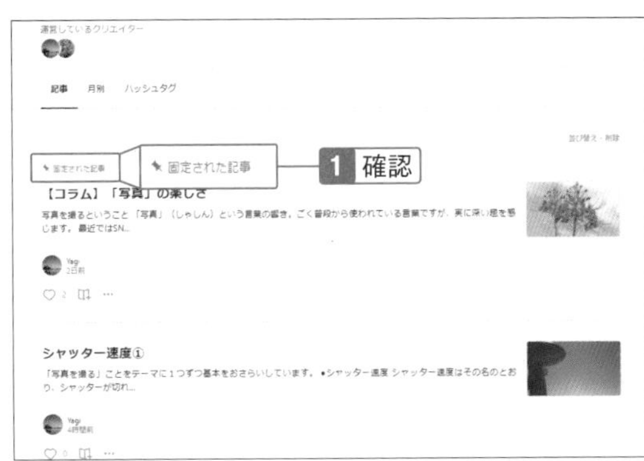

非公開のマガジンを作る

個人的なまとめやブックマークとしても役に立つ

マガジンは基本的に公開されているコンテンツですが、「非公開」にすると自分だけが見られるマガジンになります。他のユーザーから検索されたりフォローされることもありません。個人的な「まとめ」や資料の収集、「ブックマーク」などに利用できます。

自分だけが見られるマガジンを新規に作る

1 アカウントのアイコンをクリックし、「マガジン」をクリック。

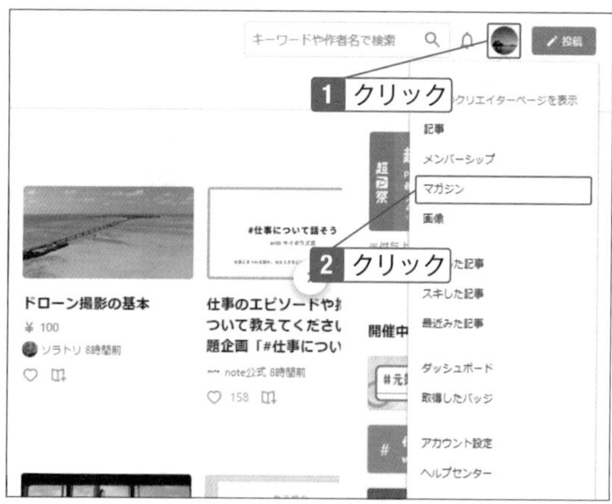

2 「マガジンを作る」をクリック。

Check

自分専用のマガジン

「非公開のマガジン」は自分しか見ることができないため、「自分専用のマガジン」とも言えます。

3 マガジンのタイトルや説明を入力し、「公開設定」を「非公開」にして、「作成」をクリック。

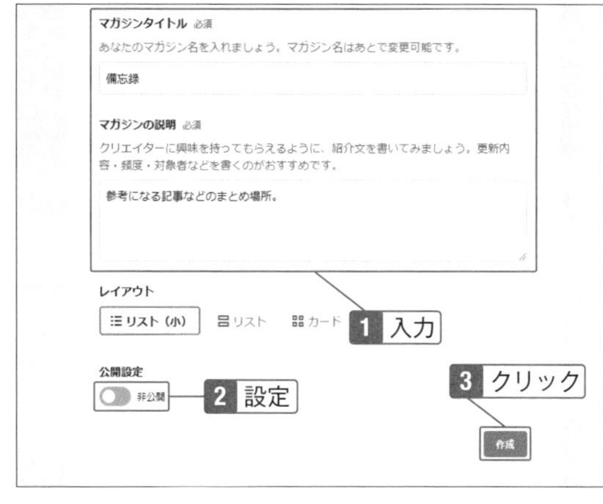

Check

非公開ならヘッダー画像は省略しても構わない

ヘッダー画像はマガジンを目立たせるために効果的です。しかし非公開であれば特にヘッダー画像を付けることの効果はありませんので、省略しても構いません。

4 非公開のマガジンが作成される。

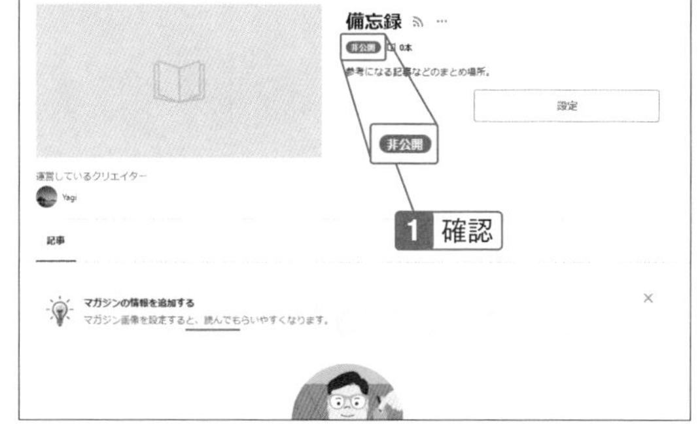

Check

「非公開」と表示される

非公開のマガジンには、タイトルの下に「非公開」と表示されます。

5 マガジンの一覧に表示される。

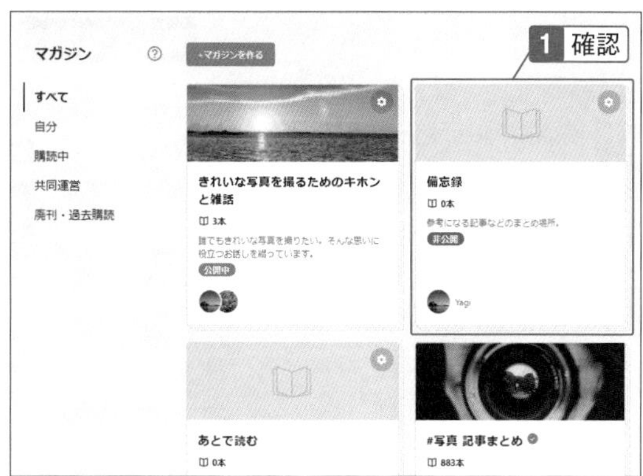

06-13

マガジンの公開／非公開を切り替える

作りかけのうちは非公開にし、完成したら公開するといった使い方も

マガジンの公開と非公開は、マガジンを作ったあとからでも変更できます。完成するまでは非公開で作り、完成したら公開するといった使い方もできます。逆に公開していたものを何らかの理由で非公開にするときにも使えます。

公開設定を変更する

1 アカウントのアイコンをクリックし、「マガジン」をクリック。

Check

フォローされているマガジンを非公開にしたとき

公開している間にフォローされたマガジンを非公開にすると、フォローしているユーザーのマガジン一覧には表示されなくなり、読めなくなります。

2 公開状態を変更するマガジンの設定アイコンをクリック。

3 「公開設定」を変更。

> **Check**
>
> **非公開を公開にする**
>
> 非公開のマガジンを公開するときには、「公開設定」で「非公開」を「公開」に変更します。

4 「非公開」になっているのを確認して「更新」をクリック。「マガジンを更新しました」というメッセージが表示されたら「閉じる」をクリック。

5 非公開に変更される。

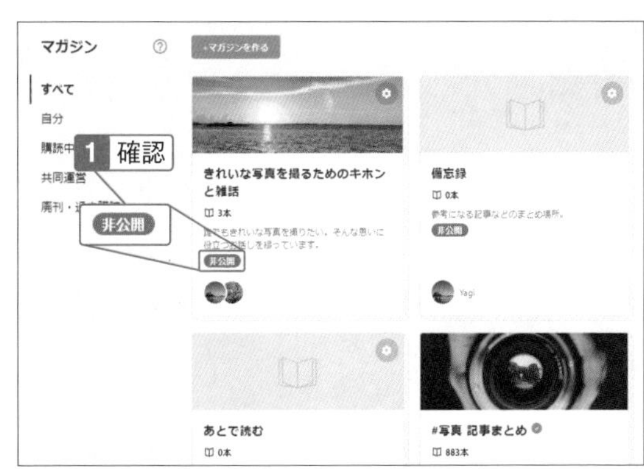

06-14 共同運営マガジンのメンバーを管理者にする

通常メンバーに管理者の権限を与えると、記事の削除などできることが増える

マガジンに招待したユーザーは「メンバー」なので、一部の作業しかできません。これを「管理者」に変更すると、記事の削除など、メンバーではできなかったいくつかの権限が追加されます。共同運営メンバーの役割によって使い分けましょう。

通常のメンバーを管理者に変更する

1 アカウントのアイコンをクリックし、「マガジン」をクリック。

Check 管理者のみ使える機能

メンバーではできず管理者にできる機能は以下のとおりです。

- **メンバーの招待**
- **記事の削除**
- **定期購読の停止**

2 メンバーの編集をするマガジンの設定アイコンをクリック。

3 「メンバー管理」をクリック。

4 管理者にするメンバーの「…」をクリックして、「管理者にする」をクリック。

Check

「オーナー」は1人

共同運営マガジンでも「オーナー」は1人のみです。マガジンを作成したユーザーが「オーナー」となります。

5 「変更」をクリック。

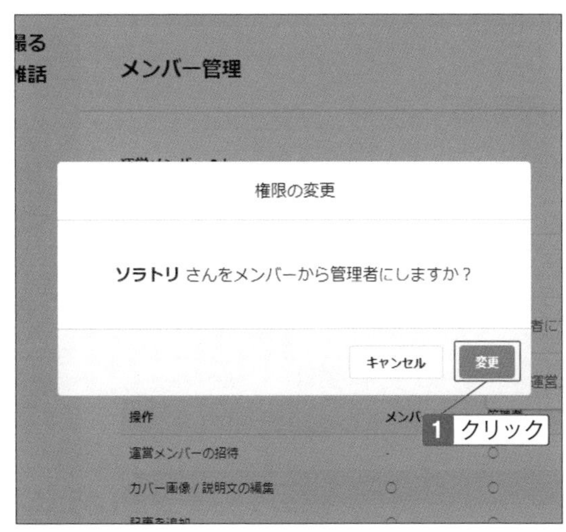

06 コンテンツをまとめた「マガジン」を作ろう

6 「閉じる」をクリック。

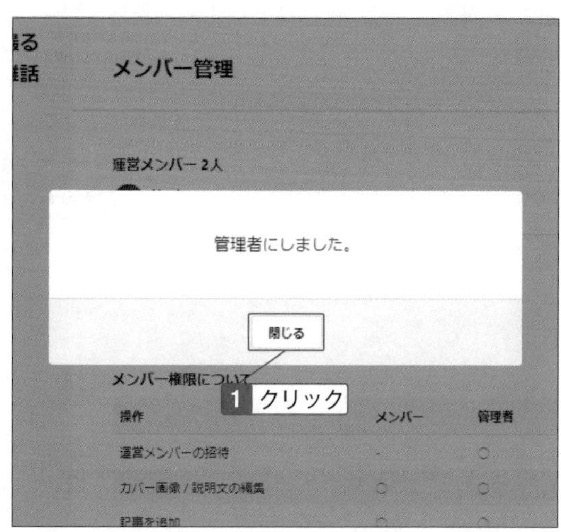

7 メンバーが「管理者」に変更される。

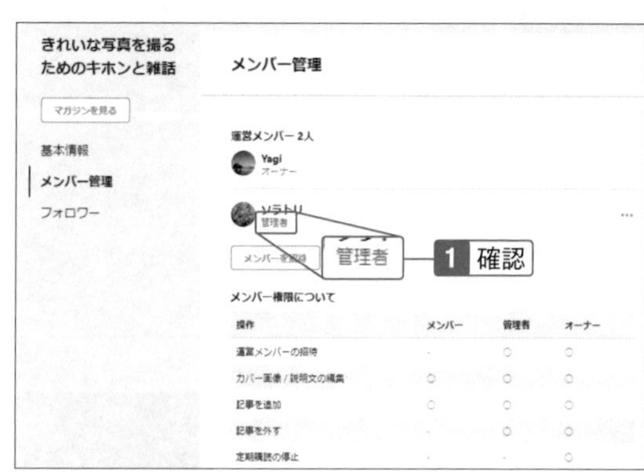

Check

メンバーの権限を確認する

手順7の画面で「オーナー」「管理者」「メンバー」に割り当てられた権限を確認できます。

メンバー権限について

操作	メンバー	管理者	オーナー
運営メンバーの招待	-	○	○
カバー画像 / 説明文の編集	○	○	○
記事を追加	○	○	○
記事を外す	-	○	○
定期購読の停止	-	-	○
売上分配率の決定	-	-	○

06-15

共同運営マガジンのメンバーを削除する

活動を終えたメンバーなどを強制的に削除できる

共同運営のマガジンから、運営として招待したユーザーを削除します。共同運営者として活動を終えたユーザーをそのまま残しておくと、記事の投稿や削除ができてしまうので、不用意なトラブルを避けるためにも削除します。

共同運営のメンバーを削除する

1 アカウントのアイコンをクリックし、「マガジン」をクリック。

2 メンバーを削除するマガジンの設定アイコンをクリック。

Check

自分で外れることも可能

共同運営マガジンのメンバーは、自分でメンバーから外れることもできます。原則的に自分で外れてもらうように促し、どうしても強制的に外す必要があるときに利用するとトラブルになりません。

3 「メンバー管理」をクリック。

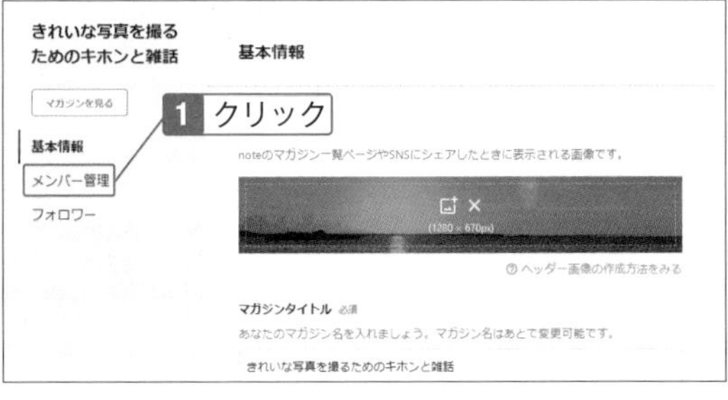

4 削除するメンバーの「…」をクリックし、「この運営メンバーを削除」をクリック。

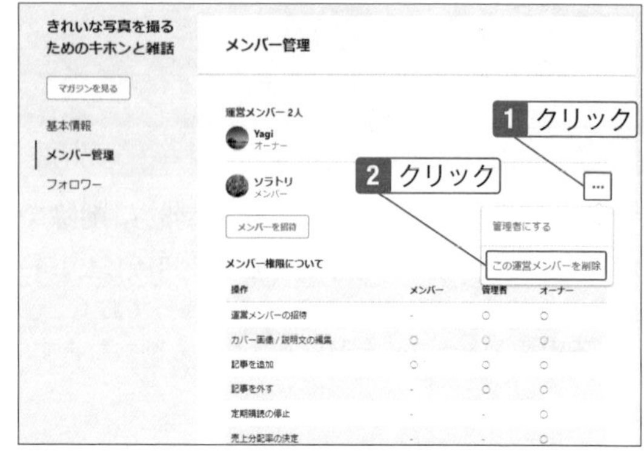

5 「削除」をクリック。「削除が完了しました」というメッセージが表示されたら「閉じる」をクリック。

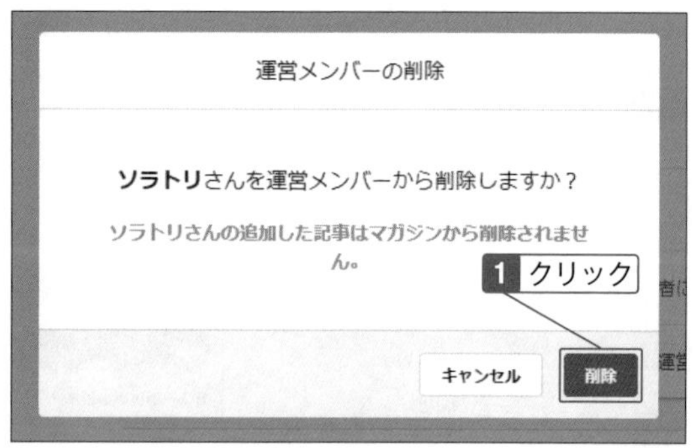

6 メンバーが削除される。

Check

削除の通知は届かない

メンバーを削除しても、削除されたメンバーに通知は届きません。トラブルを避けるため、あらかじめメンバーから削除することをメールなどで連絡しておくようにしましょう。

06-16

共同運営マガジンの管理者をメンバーに戻す

管理者権限が無くなるので、記事の削除や招待ができなくなる

管理者として運営に参加していたユーザーが、何らかの理由により管理者としての権限が不要になったなら、通常の「メンバー」に戻します。メンバーになると記事の削除などができなくなります。

管理者からメンバーに変更する

1 アカウントのアイコンをクリックし、「マガジン」をクリック。

2 メンバーを編集するマガジンの設定アイコンをクリック。

3 「メンバー管理」をクリック。

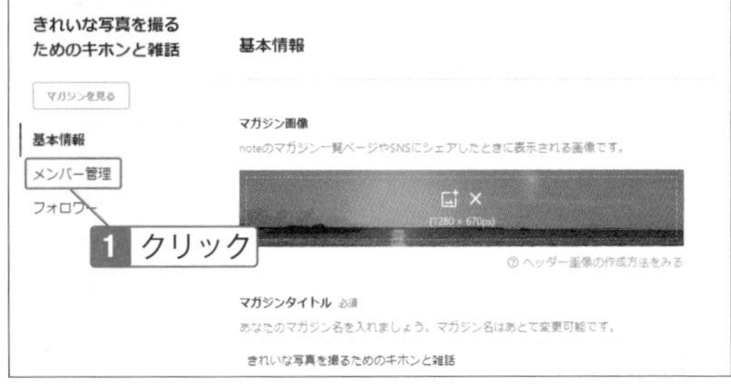

Check

あらかじめ連絡しておく

管理者からメンバーに変更するユーザーには、あらかじめその旨を連絡しておきましょう。トラブル防止につながります。

4 変更するユーザーの「…」をクリック。

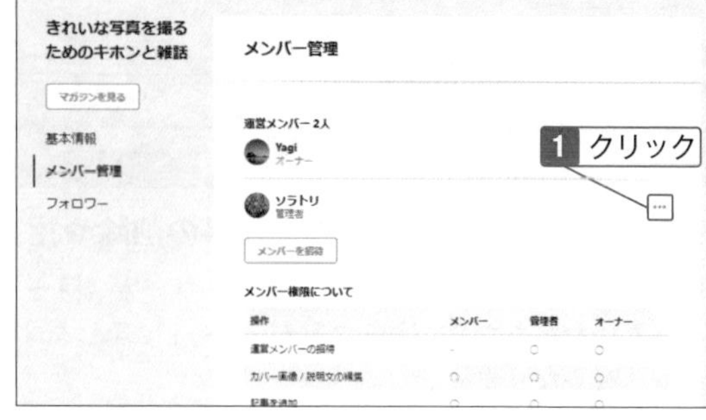

5 「管理者から外す」をクリック。

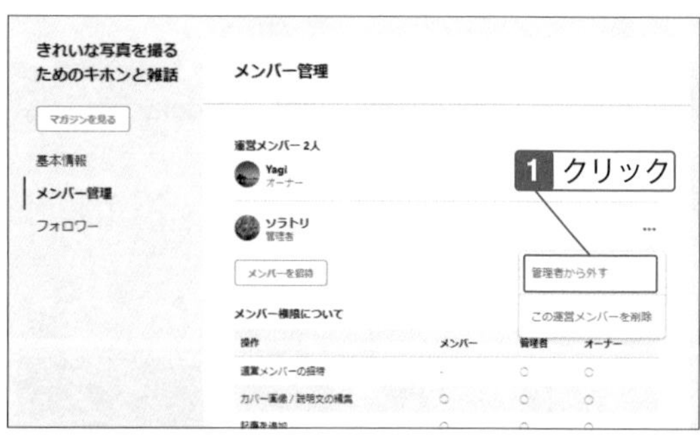

6 「変更」をクリック。「メンバーにしました」というメッセージが表示されたら「閉じる」をクリック。

7 「メンバー」に変更される。

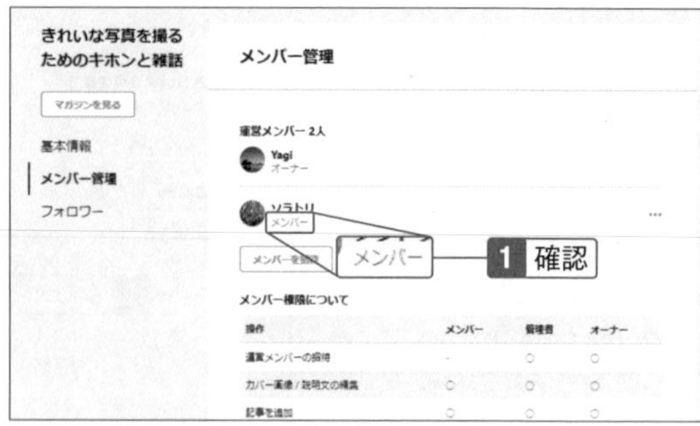

Check

「管理者」から外してもメンバーには残る

共同運営のユーザーが「管理者」のとき、管理者から外すと権限が「メンバー」になります。共同運営のユーザーから削除されることはありません。

06-17

共同運営から抜ける

共同運営に参加しなくなったら、自分で抜けられる

共同運営マガジンの運営への参加が終了したら、運営から抜けます。オーナーや管理者に削除してもらうこともできますが、自分で抜けることもできます。共同運営者から抜けると、それ以降はマガジンへの投稿や管理ができなくなります。

マガジンの運営から脱退する

1 マガジンを表示し（SECTION06-02）、メンバーを編集するマガジンの設定アイコンをクリック。

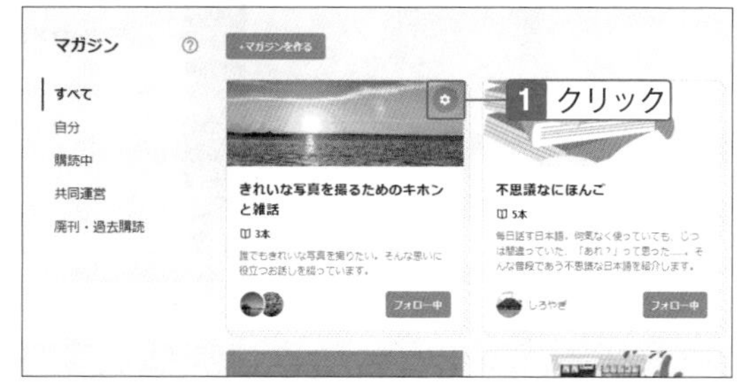

Check

抜ける前に連絡する

共同運営メンバーから抜ける前には、他のメンバーと話し合ったり、連絡をしたりしておきましょう。黙って抜けると他のメンバーが戸惑います。

2 「メンバー管理」をクリック。

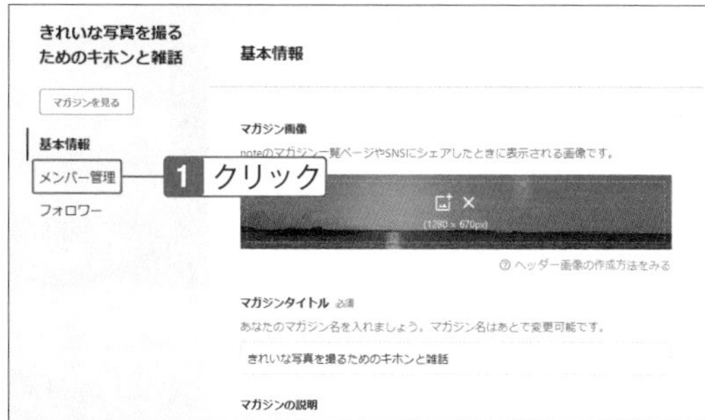

3 運営から抜けるメンバーの「…」をクリック。

4 「マガジンから脱退する」をクリック。

Check

招待されるまで戻れない

共同運営メンバーを抜けると、自分で再び戻ることはできません。再び同じマガジンの共同運営メンバーになるには、オーナーや管理者の招待を受ける必要があります。

5 「脱退」をクリック。

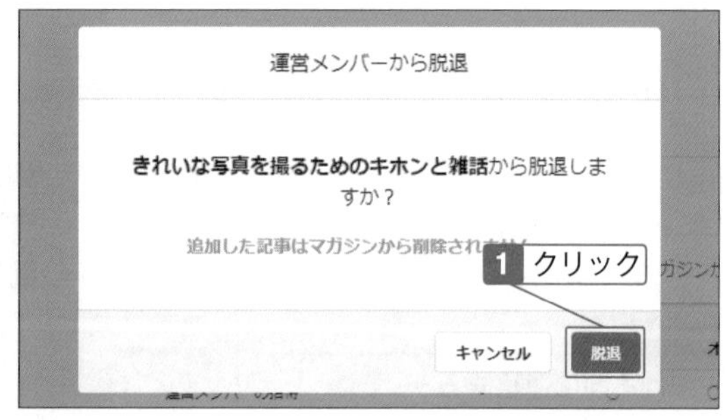

6 「閉じる」をクリック。

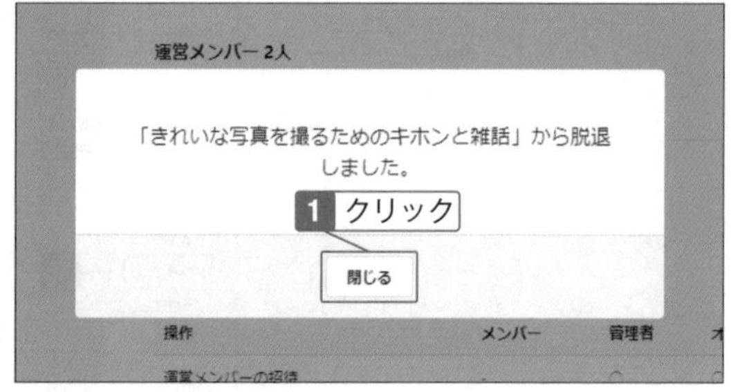

7 マガジンが表示される。

Check

投稿した記事は残る

共同運営のマガジンで運営者から抜けると、以降は自分の記事をそのマガジンに追加することはできなくなりますが、過去にマガジンに追加した記事は残ります。

06-18

フォロワーを確認する

マガジンのフォロワーを見ることで、自身の記事のブラッシュアップに役立つ

マガジンをフォローしているユーザーを、リストで表示します。誰がフォローしているのかを見て、そのユーザーのプロフィールから、より好みに合うような記事を投稿するように役立てられます。

フォロワーの一覧を表示する

1 アカウントのアイコンをクリック。

Check

ユーザーのフォローとは別

マガジンのフォローは、ユーザーのフォローとは別のものになります。マガジンのフォロワーでも自分のフォロワーであるとは限りません。

2 「マガジン」をクリック。

3 フォロワーを確認するマガジンの設定アイコンをクリック。

4 「フォロワー」をクリック。

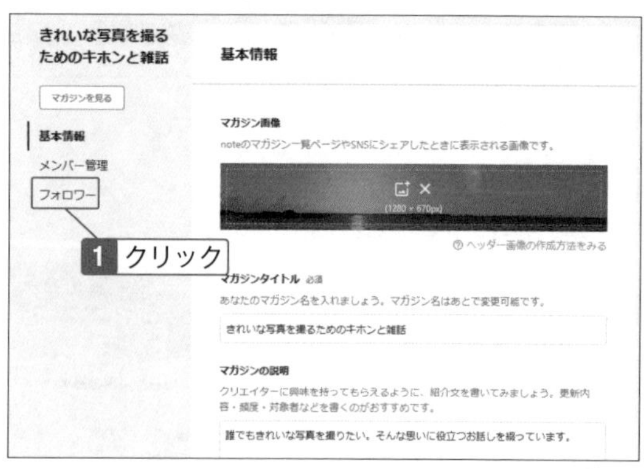

5 マガジンのフォロワーが表示される。

Check

ユーザーの「フォロー」とマガジンの「フォロー」

noteには2つのフォローがあります。1つはユーザーのフォローで、フォローしたユーザーが投稿する記事をすべて読みたいときに利用します。もう1つはマガジンのフォローで、興味のあるマガジンに追加される記事を読みたいときに利用します。

06-19

マガジンを削除する

削除は特に理由があるときだけにしよう

マガジンはいつでも削除できます。フォローしているユーザーのためには残しておく方が好ましいですが、何らかの理由によって削除する必要がある場合、削除してマガジンを終了します。終了したマガジンは「廃刊」という扱いになります。

マガジンを削除する

1 アカウントのアイコンをクリックして、「マガジン」をクリック。

2 削除するマガジンの設定アイコンをクリック。

Check
削除は戻せない
削除したマガジンをもう一度復活させることはできません。新しく作り直す必要があり、フォロワーも引き継がれません。

3 画面をスクロールして「マガジン削除」をクリック。

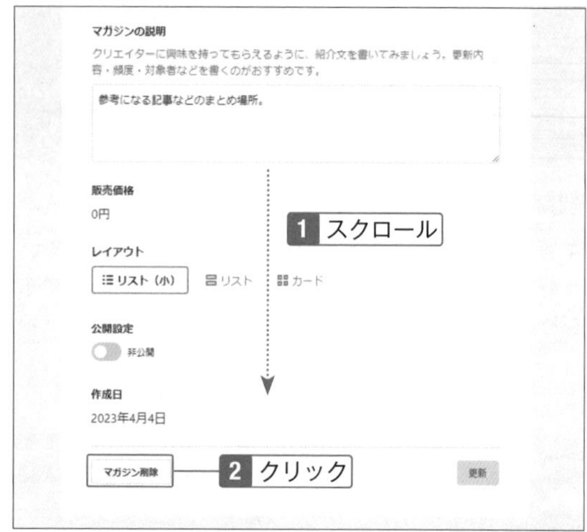

4 「削除する」をクリック。

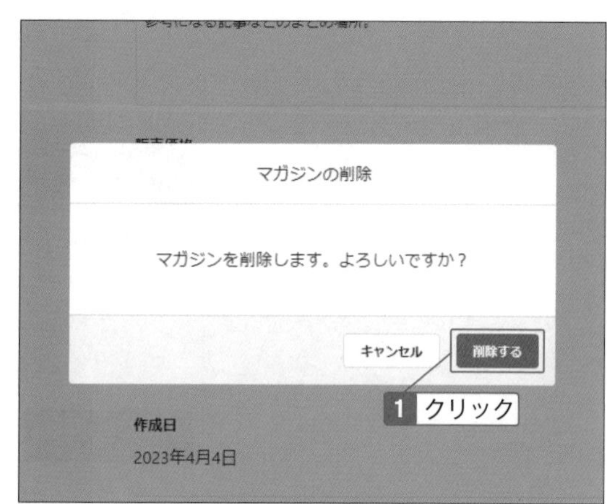

5 マガジンが削除される。

Check

記事は削除されない

　マガジンを削除しても、マガジンに追加されていた記事は削除されません。マガジンとしては「廃刊」した状態になり、フォローしていたユーザーのフォローも消失します。ただし有料のマガジンの場合は、マガジンの購入者は「廃刊」になったマガジンの記事を引き続き読むことができます。

Chapter

07

有料のコンテンツを購入しよう

noteには有料で販売されているコンテンツがあります。有料コンテンツの多くは、100円〜3,000円程度で、気軽に購入して楽しめます。上質なコンテンツを廉価で購入できる場合もありますし、クリエイターが応援してほしいという意味を込めて有料で販売されていることもあります。また、クリエイターを応援する意味で「サポート」という機能があります。これは「チップ」「投げ銭」のようなもので、無料・有料を問わず、コンテンツに対して任意の金額を送る機能で、100円から送れます。

07-01

支払い方法を登録する

支払方法はクレジットカードが安全で簡単

有料コンテンツの購入に必要なクレジットカード情報を登録します。あらかじめ登録しておくことで、有料コンテンツを購入するたびに入力することなく、スムーズに購入できるようになります。

クレジットカード情報を登録する

1 アカウントのアイコンをクリック。

2 「アカウント設定」をクリック。

Check

支払い方法は3種類

noteで有料コンテンツを購入するには、クレジットカード決済とバーコード決済（PayPay）、キャリア決済を利用できます。キャリア決済はスマホを契約している携帯電話会社の料金で支払うものですが、携帯電話会社がキャリア決済に対応している必要があり、格安SIMなどでは利用できません。

3 「カード情報」をクリック。

4 「クレジットカードを登録」をクリック。

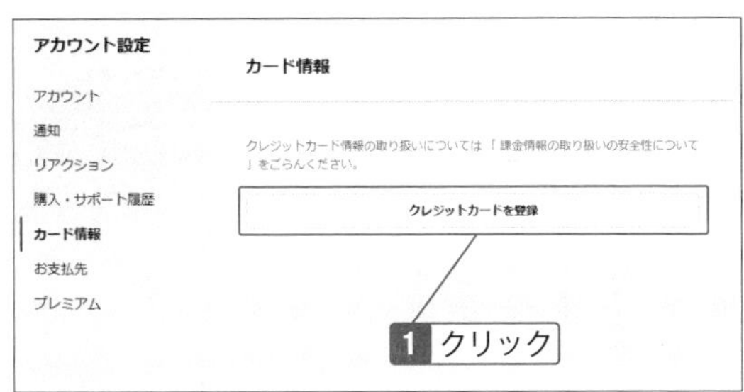

5 クレジットカードの情報を入力し、「保存」をクリック。

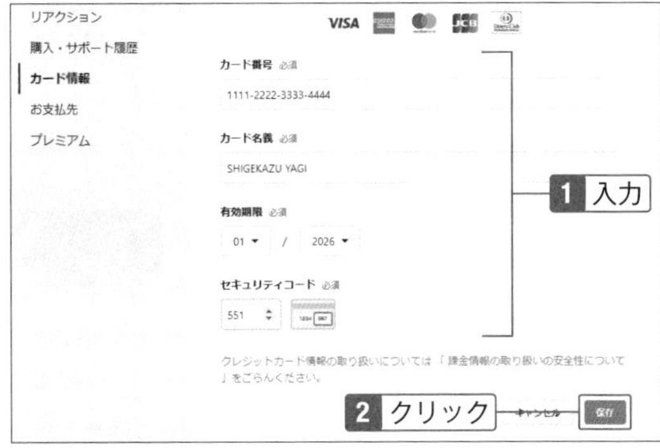

6 クレジットカードが登録される。

Check

クレジットカード情報を修正する

クレジットカード情報を修正するときは、「編集」をクリックして情報を書き換えます。

07-02

振込口座を登録する

1つのアカウントに登録できる銀行口座は1つ

自分が掲載している有料コンテンツの売上金額を受け取る口座を登録します。売上の受け取りには全国の銀行およびゆうちょ銀行の口座が利用できます。あらかじめ通帳などを用意して口座情報を確認しておきましょう。他のnoteアカウントで使用している口座は使えません。

受け取り口座を登録する

1 アカウントのアイコンをクリックして、「アカウント設定」をクリック。

2 「お支払先」をクリック。

Check

国内の口座のみ

noteに登録できる銀行口座は国内の口座のみになります。海外の金融機関の口座は利用できません。

3 必要な情報を入力。

> **Check**
> **法人で登録する**
> 法人でnoteを使っている場合、法人の口座を登録します。

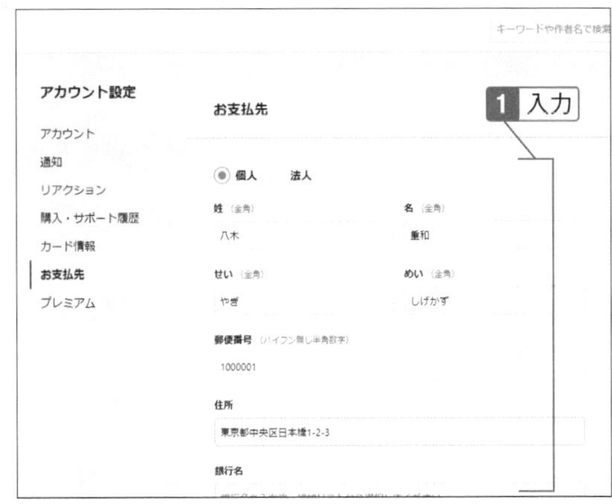

4 口座情報を入力し、「保存」をクリック。

> **Check**
> **銀行名・支店名の入力方法**
> 銀行名・支店名を入力するときは、1文字目を入力すると該当する銀行名・支店名が候補に表示されます。

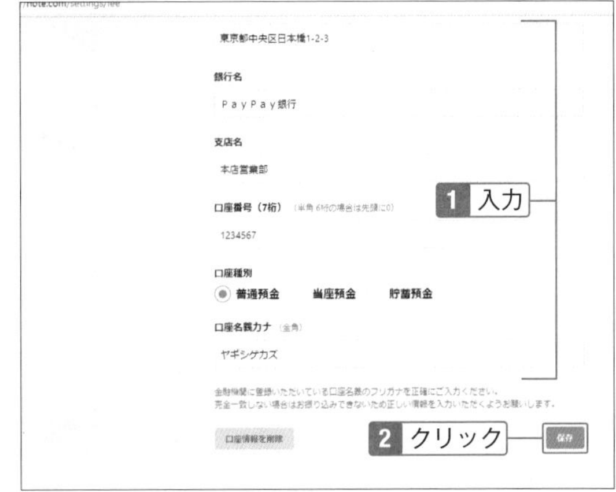

5 「保存が完了しました」と表示されるのを確認する。

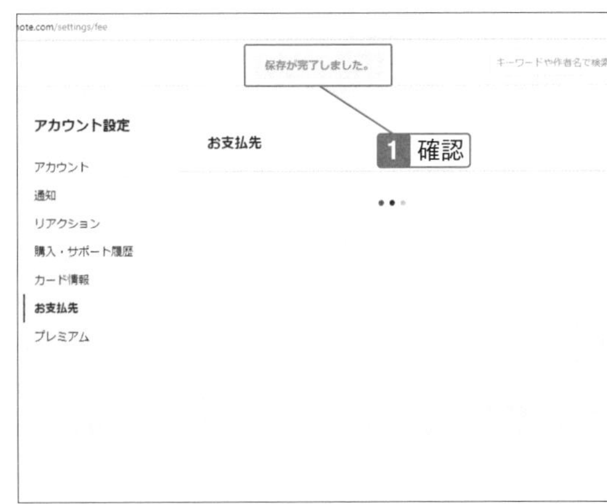

07-03 有料コンテンツを購入する

有料コンテンツは比較的安価に設定されている

有料で販売されているコンテンツを購入します。有料のコンテンツには販売金額が表示されていて、コンテンツを表示する操作の中で簡単に購入できるようになっています。比較的安価なものが多くあります。

有料コンテンツを購入する

1 有料コンテンツを表示し、金額をクリック。

Check

有料コンテンツも一部だけ見える

有料コンテンツは、冒頭部分だけが無料で見られるようになっています。記事であればはじめの一部分、写真やイラストでは１枚だけが表示されます。

2 「決済方法を選択」をクリック。

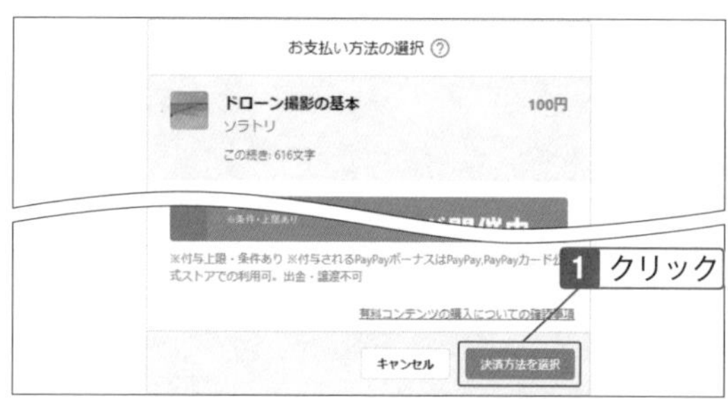

Check

キャリア決済で購入する

有料コンテンツの支払い方法にはクレジットカード決済とバーコード決済、携帯キャリア決済があります。携帯キャリア決済ではスマホの利用料金と一緒に請求されます。キャリア決済は、対応した携帯電話会社でなければ利用できません。基本的にはクレジットカード決済を利用した方が便利です。

3 「クレジットカード」をクリックし、「カード情報入力画面へ」をクリック。

4 クレジットカードの情報を入力して、「購入する」をクリック。

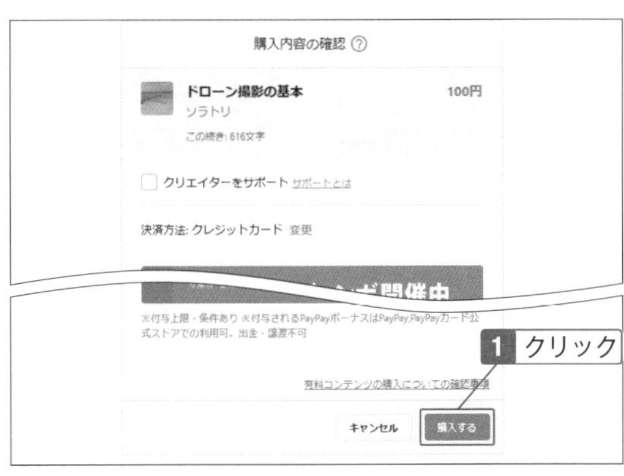

> **Check**
>
> **クレジットカード情報の入力は初回のみ**
>
> クレジットカード情報は有料コンテンツをはじめて購入するときに登録します。2回目以降は、手順1で金額をクリックすると右(手順4)の購入確認画面が表示され、登録したクレジットカードで購入ができます。

5 購入が完了する。「購入した記事を読む」をクリック。

> **Check**
>
> **「有料部分」が見えるようになる**
>
> 有料コンテンツを購入すると「ここから先は有料部分です」の続きが表示されるようになります。
>
> ここから先は有料部分です
>
> **●基本的に「飛行できる場所」**
>
> （1）空港や国の重要施設の周辺ではなく、（2）人口密集地区でなく、

6 購入したコンテンツには「購入済」と表示される。

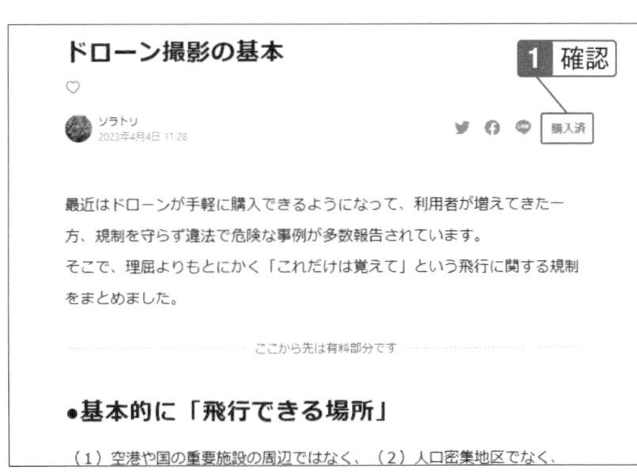

07-04

マガジンを購入する

マガジンを買うと含まれる記事をまとめて読める

コンテンツをまとめたマガジンも、有料で販売されているものがあります。単体で販売されているマガジンは、1つ買えばそのマガジンに含まれるコンテンツをすべて購入したことになります。

有料のマガジンを購入する

1 マガジンを表示し、「購入手続きへ」をクリック。

2 決済方法を確認し、「購入する」をクリック。

Check

決済方法を変更する

決済方法を変更するには、決済方法の右側にある「変更」をクリックします。

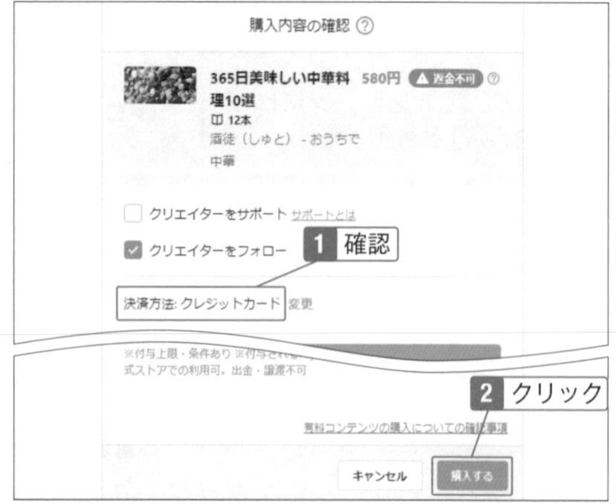

3 購入が完了する。「購入したマガジンを見る」をクリック。

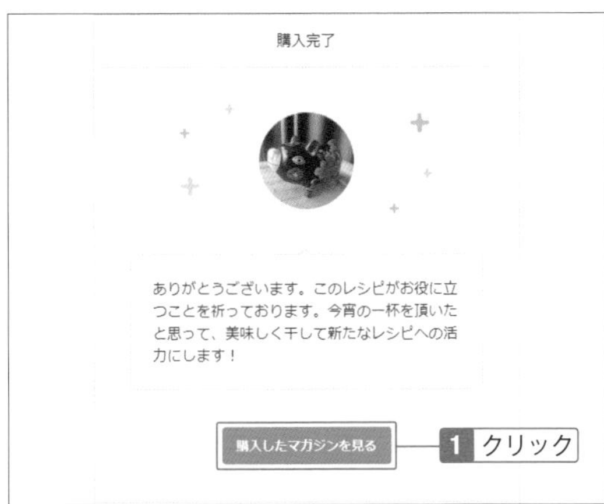

4 マガジンには「購入済」と表示される。

Check

購入したマガジンを読む

購入したマガジンは、「アカウントのアイコン」➡「マガジン」をクリックして表示されるマガジンの一覧から「購読中」をクリックして表示します。

07-05 定期購読マガジンを購入する

定期購読は、定期的にコンテンツが追加されるマガジン

定期購読マガジンは、有料マガジンの中でも定期的にコンテンツが追加される種類のマガジンです。1か月単位で継続して購入します。したがって毎月一定の金額を支払うことになります。初月無料のマガジンもあります。

月額課金でマガジンを購入する

1 マガジンを表示し、「購読手続きへ」をクリック。

Check

一部分を見ながら確認

定期購読マガジンでは、記事の紹介や記事の一部分だけを見ることができますので、内容を確認してから購読を申し込みます。

2 決済方法を選択し、「購読する」をクリック。購入完了のメッセージが表示されたら、定期購読の手続きが完了する。

定期購読マガジンの継続を停止する

定期購読マガジンはいつでも停止できる

定期購読マガジンは、月額課金で購入するマガジンです。定期購読をやめたいと思ったときには、いつでも継続を停止できます。翌月からは購読できなくなりますが、課金もされません。定期購読は月末に更新されます。

定期購読をやめる

1 マガジンを表示し、「購読内容を確認」をクリック。

Check
課金の状況を確認
「購読内容を確認」をクリックすると、課金の状況や購読期間などが表示されます。

2 「購読を停止」をクリック。

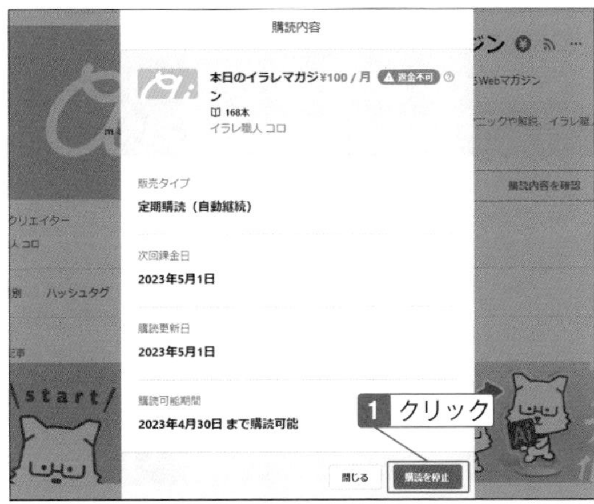

3 購読停止の理由を選択し、「停止する」をクリック。

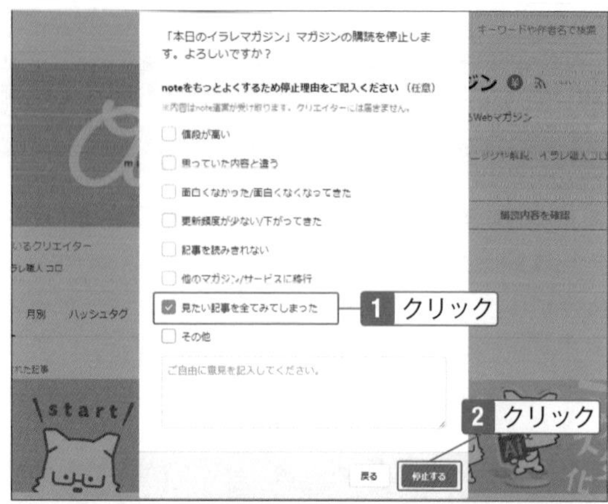

Check

初月無料のマガジン

初月無料のマガジンを、その月のうちに購読を停止した場合、課金は発生しません。

4 「OK」をクリック。

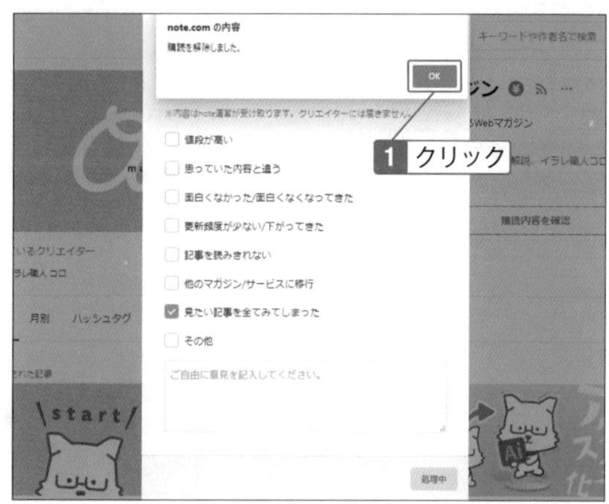

Check

月末までは「手続き中」

定期購読の更新は月末に行われます。月の途中で解約した場合でも、その月の月末までは購読ができます。それまでの間は「停止手続き中」となります。

07-07

気に入った記事に寄付をする

クリエイターの活動を応援するために寄付をする

気に入った投稿に任意の金額のチップを払って投稿者を応援します。これは100円以上、好きな金額を払って応援する、いわば「寄付」の機能です。投稿者を応援する意味を込めて贈りましょう。

チップでサポートする

1 記事を表示し、下にスクロール。

Check

無料記事でも有料記事でも可能

チップによるサポートは、無料記事でも有料記事でも可能です。有料記事の場合、販売価格の支払いに加えてチップを支払うことになります。

2 「気に入ったらサポート」をクリック。

3 金額を選択し、メッセージを入力して、「サポートする」をクリック。

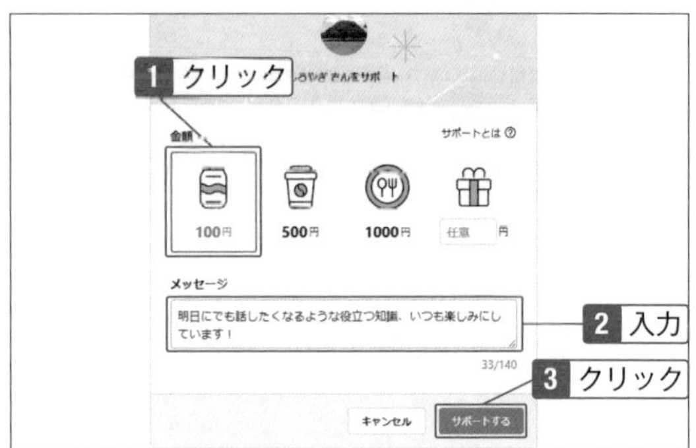

Check

メッセージを送る

サポートするときに入力したメッセージの内容は、投稿者の通知に届きます。

4 決済方法を確認し、「購入する」をクリック。

Check

決済方法を変更する

決済方法を変更するには、「変更」をクリックします。

5 「記事に戻る」をクリック。

Chapter

08

デジタルコンテンツを販売しよう

「note」にはコンテンツを有料で公開できる特徴があります。著名人や企業が販売するだけではなく、誰でも売ることができ、買うことができます。文章や写真を「作品」として販売することができます。それが価値のあるものだと認められ、購入されるようになれば「プロのクリエイター」として継続的な収益を得られる可能性もあります。

08-01

有料のデジタルコンテンツを販売する

販売は「試しにやってみる」ところからでも新たな可能性が生まれる

noteの特徴の１つに、誰でも簡単に有料でコンテンツを販売できることが挙げられます。普段は何気なく投稿していた文章や写真が、価値のあるコンテンツとして認められるかもしれません。

有料で販売できるもの

noteを使って販売できるコンテンツは、次のものです。

- 記事（文章）
- 画像
- 音声

またこれらを取りまとめたマガジンも有料で販売できます。一方、つぶやきや動画は有料で販売できません。つぶやきは今の気持ちをひとことで投稿するような用途なので、値段で価値をつけるためのコンテンツではなく、また動画はYouTubeまたはvimeoのリンクを掲載する仕組みなので、有料で販売するのであればそれぞれのサイトの仕組みを使うことになります。

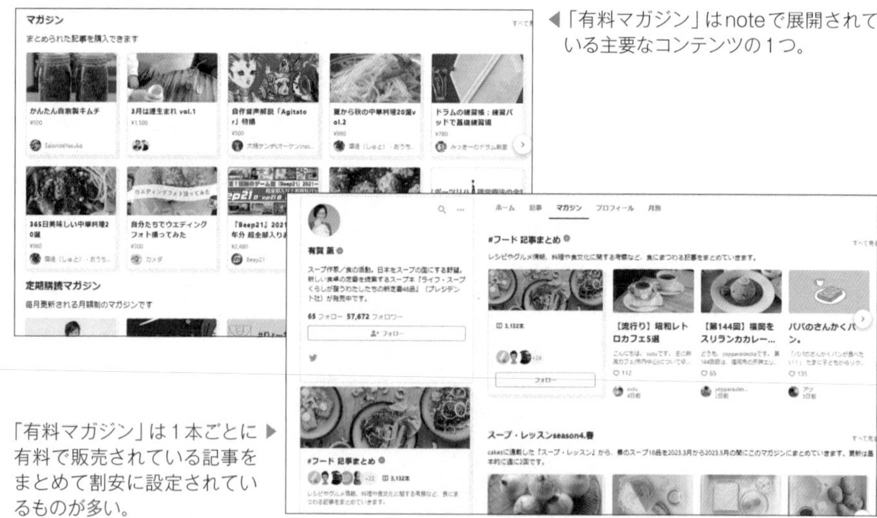

◀「有料マガジン」はnoteで展開されている主要なコンテンツの１つ。

「有料マガジン」は１本ごとに有料で販売されている記事をまとめて割安に設定されているものが多い。▶

手軽に販売ができる

コンテンツの販売は、多くのサービスでは一般的に、掲載コンテンツ数やフォロワー数の条件がある、審査がある、厳密な本人確認を行う、というように、高めのハードルが用意されていて、誰でも簡単にはじめることができません。しかしnoteでは、アカウントを取った日から有料で販売できます。はじめての投稿記事を有料で販売することもできてしまうのです。

もちろん、それが売れるかどうかは内容によりますが、「とりあえず有料で売ってみよう」と思ったら有料で掲載してみる、様子を見て値段を変えてみる、あるいは無料版に変えるといった柔軟な対応ができます。有料販売に備えて、価格や掲載のプランを熟考してからはじめるような作業は必要ありません。

また、noteでの有料販売の利用は一部を除き無料です。月額課金（定期的に発行するマガジンなど）や、コンテンツを数量限定で販売する場合には、有料の「プレミアム機能」が必要になりますが、「小説を販売したい」「写真データを販売したい」「マガジンを作ったので有料で発行したい」というnoteで多く見られるコンテンツの販売は無料ではじめられ、売れたときに手数料がかかる仕組みです。

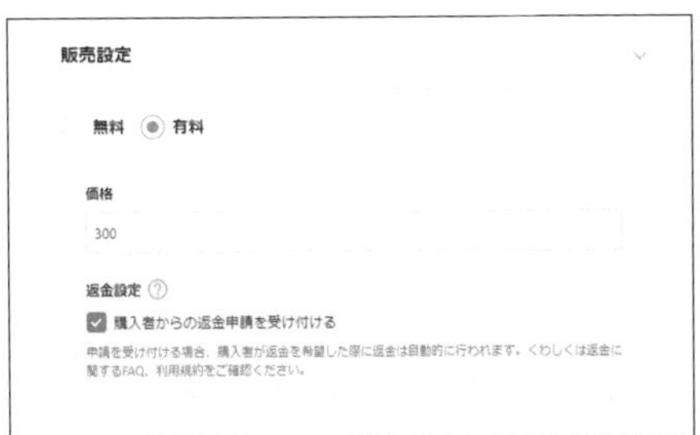

◀記事の投稿で「有料」を選ぶだけで有料記事として販売できる。それが売れるかどうかは内容次第ということになる。

▲「買う」タブを見るとさまざまなジャンルの有料の記事が投稿されていることがわかる。

08-02 コンテンツの販売価格を決める

手数料を含めた収益を考える

noteで販売した有料コンテンツが購入された場合、販売価格に対して決められた手数料がかかります。販売価格を決めるときには、やみくもに決めず、手数料を含めた収益を考えます。

販売価格と手数料

noteで記事や画像を販売したときには、手数料が細かく決められています。

決済手数料※1	クレジットカード決済（5%）
	携帯キャリア決済（15%）
	バーコード決済（7%）
プラットフォーム※2利用料	売上金額から決済手数料を引いた額の10% （定期購読マガジンは20%）

※1　購入者の決済方法によって販売者が支払う手数料
※2　システムのようなもの

たとえば1,000円で販売した小説がクレジットカード決済で購入された場合、以下のようになります。
手数料はおよそ15%（クレジットカード決済）～25%（携帯キャリア決済）と考えればよいでしょう。

決済手数料（5%）＝1,000円×0.05＝50円
プラットフォーム利用料＝（1,000－50）×0.1＝95円
収益＝1,000－50－95＝855円

売上は、あらかじめ指定した銀行口座に振り込まれます。このとき、270円の振込手数料がかかります。また振り込みは、前月末までの未振込の売上金額（手数料などを引いた金額）が1,000円以上あるときに、当月2～20日までに振込申請すれば当月末に支払われます。売上金額が1,000円に満たないときは、1,000円になってから申請できるようになります。

08-03 記事を販売する

誰でもプロのクリエイターとしての活躍を目指せる

自分の記事を有料で販売します。販売金額は既定の範囲内で自由ですが、記事に対価という価値をつけることになるので、「この内容で、自分ならこれくらいの金額であれば買ってもいい」と思った金額を設定してみましょう。

投稿する記事を有料で販売する

1 「投稿」をクリック。

2 「テキスト」をクリック。

> **Hint**
> **投稿の方法は同じ**
> 無料の記事も有料の記事も、投稿の方法は同じです。また有料記事だけにできる機能などもなく、あくまで投稿者が記事に対して「無料」か「有料」かを決めるだけの違いになります。

3 記事を作成し、「公開設定」をクリック。

4 画面をスクロールして「有料」をクリック。

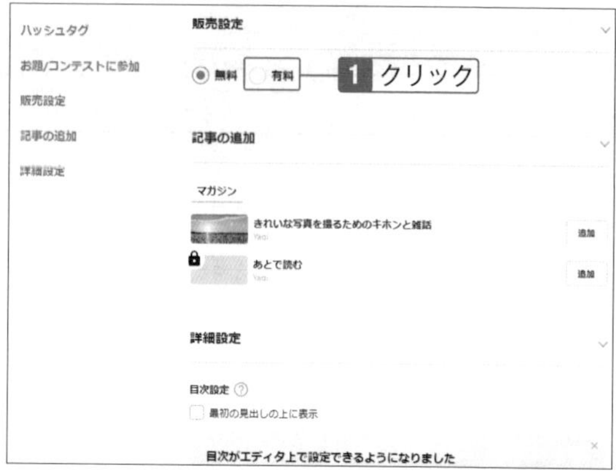

Hint

ハッシュタグの追加

公開設定の画面で、ハッシュタグを追加しておくと記事を見てもらえる機会が増えます。

5 販売価格を入力し、「有料エリア設定」をクリック。

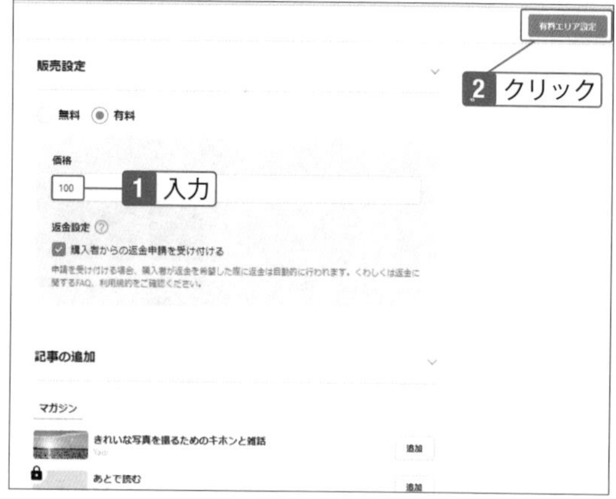

Check

販売価格の範囲

販売価格は100円から10,000円までの範囲で自由に設定できます。有料のプレミアムサービスに登録すると、上限が50,000円まで引き上げられます。

Check

返金の設定

有料コンテンツの販売に対しては、返金を受け付けるか、受け付けないかを設定できます。

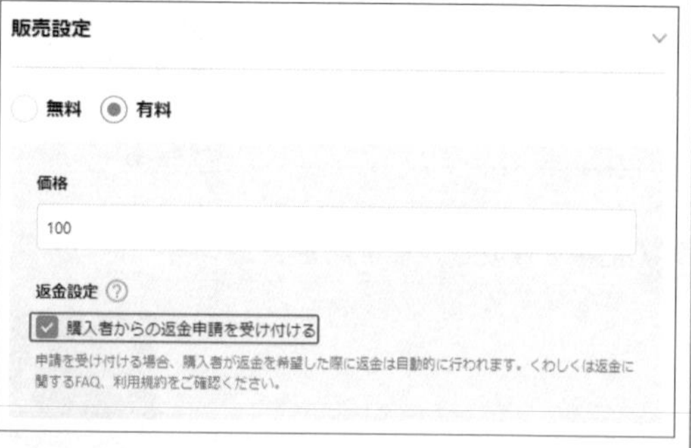

6 「ラインをこの場所に変更」をクリック。

Check

有料エリア

記事を有料で販売する場合、無料で見られる部分との境界線を設定し、それ以降を購入者しか見られないエリアに設定します。

写真の光とボケ

見えない世界を創る

このラインより先を有料にする

写真を撮ることの醍醐味には、「光」と「ボケ」を自在に操り表現することが挙げられます。

1 クリック

ラインをこの場所に変更

被写体は光の当て方でまったく違うイメージに写し出されます。光を操ることは、写真を撮るテクニックでも、もっとも重要なポイントと言えるでしょう。

7 有料エリアが変更される。「投稿する」をクリック。「記事が公開されました」とメッセージが表示されたら、「閉じる」(×)をクリック。

8 有料記事として投稿され、販売価格が表示される。

08-04 写真やイラストを販売する

芸術分野のプロを目指せる

スマホの普及で誰でも手軽に写真を撮影できるようになりましたが、特に「作品」として価値のある写真なら有料で販売してみましょう。イラストであれば芸術作品としての評価を自分でつけ、金額を設定してみてください。

画像を販売する

1 「投稿」をクリック。

2 「画像」をクリック。

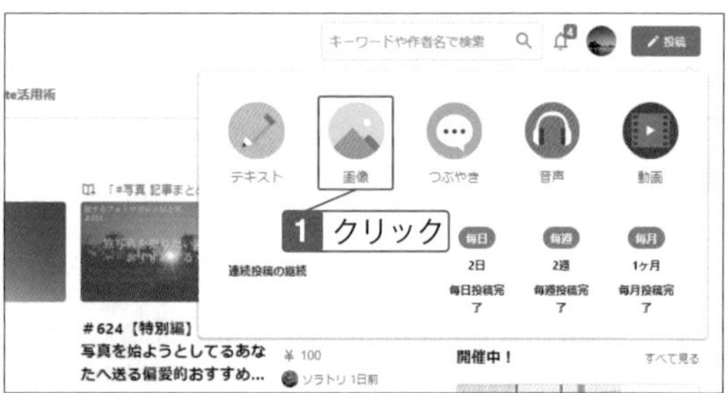

3 アップロードする画像が入っているフォルダを開き、画像をドラッグ＆ドロップ。

⚠ Check

2枚以上をアップロード

画像を有料コンテンツとして販売するときには、最初の1枚が無料で見られるようになるため、2枚以上アップロードします。

4 画像の説明を入力。

5 タイトルとハッシュタグを入力。

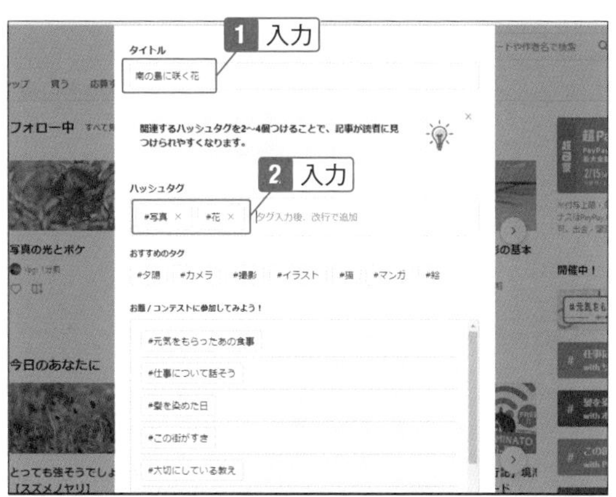

6 画面をスクロールして、「有料」をクリック。

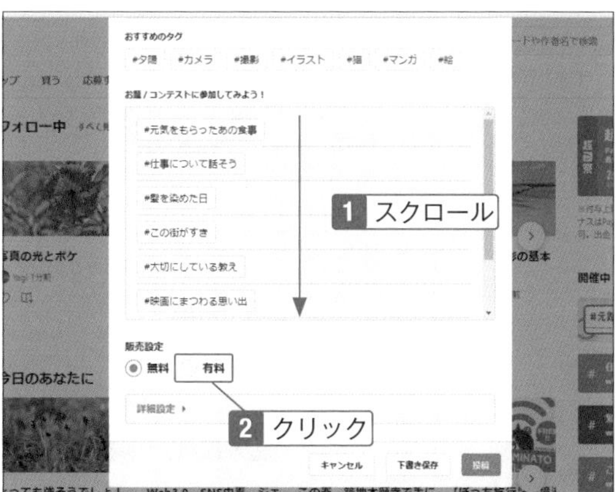

7 販売価格を入力し、「投稿」をクリック。

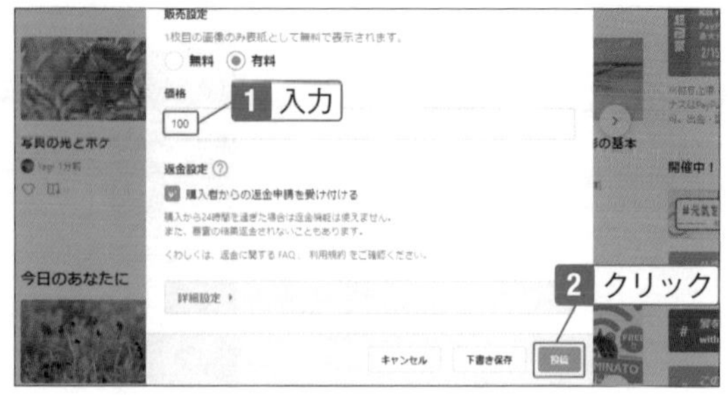

Check

販売価格の範囲

販売価格は100円から10,000円までの範囲で自由に設定できます。有料のプレミアムサービスに登録すると、上限が50,000円まで引き上げられます。

Check

返金の設定

有料コンテンツの販売に対しては、返金を受け付けるか、受け付けないかを設定できます。

8 有料コンテンツとして投稿され、販売価格が表示される。

Check

1枚目が表示される

有料コンテンツとして投稿した画像は、1枚目が表示され、「この続きをみるには」として、販売価格や購入手続きのボタンが表示されるようになります。

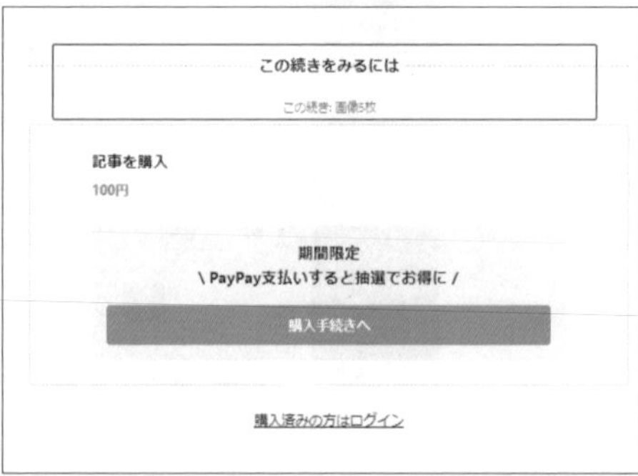

08-05

マガジンを販売する

有料で販売している記事や写真をまとめて、マガジンとして販売

有料で販売している記事や写真の投稿をまとめて、マガジンとして販売すれば、欲しいと思ったユーザーはまとめて入手できるようになります。「まとめて割安の販売」といったことにもマガジンが利用できます。

有料マガジンを作成する

1 アカウントのアイコンをクリックし、「マガジン」をクリック。

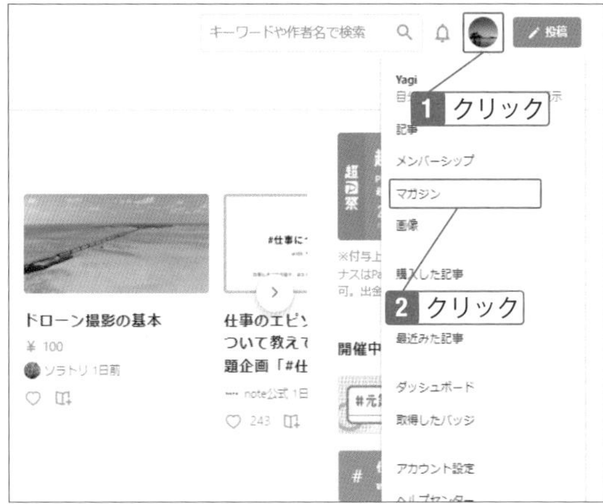

Check

マガジンを作れる数の上限

マガジンは、有料と無料を合わせて21個まで作れます。有料サービスの「noteプレミアム」に登録すると1000個までに拡張されます。

2 「マガジンを作る」をクリック。

3 「有料（単体）」をクリックし、ヘッダー画像のアイコンをクリックしてアップロードする。続いてタイトルと説明を入力。

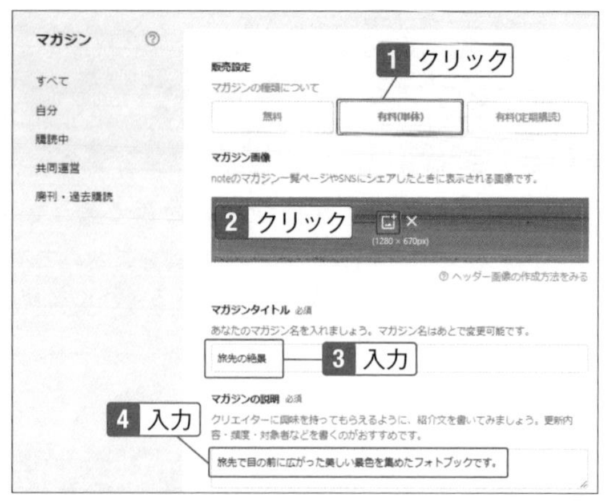

Check

定期購読マガジンは「有料（定期購読）」

「有料（定期購読）」は、定期購読マガジンを作成するときに選択します。定期購読マガジンは有料の「noteプレミアム」に加入すると利用できます。

4 販売価格とアピールポイントを入力し、カテゴリとレイアウトを選択したら「作成」をクリック。

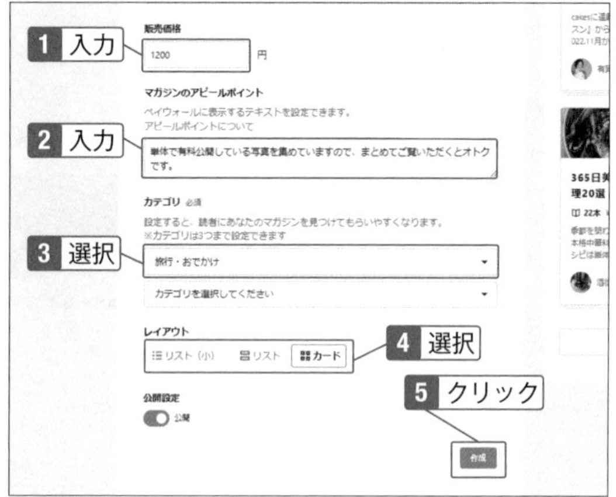

5 マガジンが作成される。

Check

作成した状態では収録投稿数がゼロ

マガジンを作成した状態では、収録されている投稿がありません。続いて収録する投稿をマガジンに登録して、マガジンを完成させます。

有料マガジンに記事を追加する

1 マガジンに追加する投稿を表示し、「記事を保存」をクリック。

> **Check**
>
> **追加するのは自分の記事**
>
> 有料マガジンに追加できるのは自分の記事だけです。他のユーザーが投稿した記事は登録できません。

2 「追加」をクリック。

3 「追加済」に変わる。「閉じる」をクリック。

4 マガジンにまとめる投稿を追加してマガジンを完成させる。

Check

有料マガジンに収録する投稿も有料が基本

有料のマガジンを作成するとき、そのマガジンに収録する個々の投稿も有料で販売されていることが一般的です。「単体では無料、まとめると有料」というケースはまれです。マガジンにまとめることで割安で購入できるように価格を設定してお得感を出す、1つずつ購入する手間が省けるといったメリットがあります。

5 マガジンには収録されている記事の数が表示される。

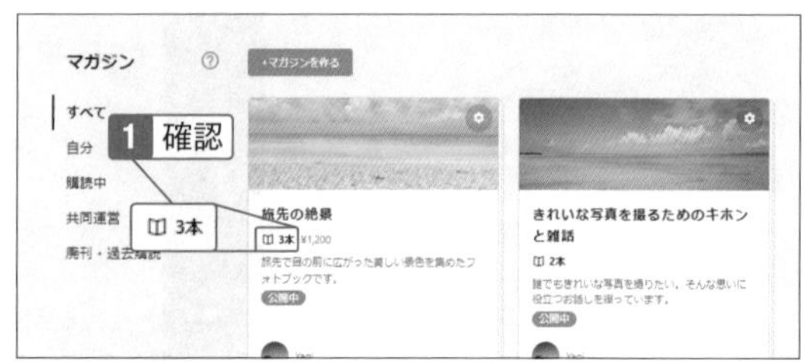

Check

収録内容やアピールポイントが表示される

有料で販売するマガジンを表示すると、マガジンに収録されている投稿の一覧やアピールポイントが表示されるようになります。

08-06

コンテンツの有料・無料を切り替える

「お試し期間」や「過去の記事の無料化」などに

お試し期間で無料公開していた記事をあるときから有料に切り替える、有料で販売していた記事の内容が、かなり時期が過ぎて内容が古くなってきたときに無料化するといった対応に利用できます。

有料の投稿を無料にする

1 記事の「…」をクリックし、「編集」をクリック（SECTION04-13）。その後「公開設定」をクリック。

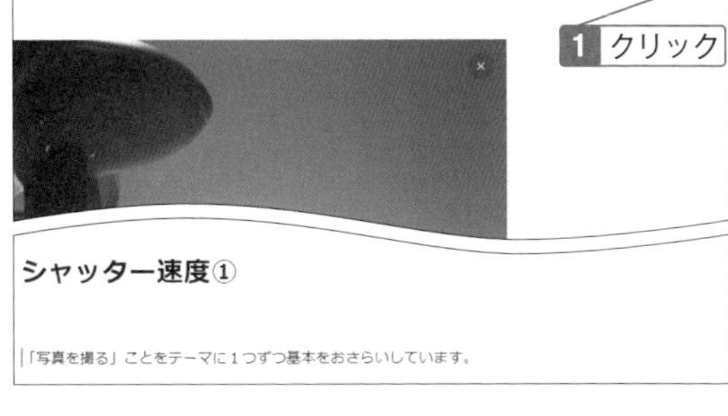

Check

マガジンは切り替え不可

有料と無料の切り替えは記事単位の設定に対して可能です。記事をまとめたマガジンの有料と無料を切り替えることはできません。

2 「無料」をクリック。

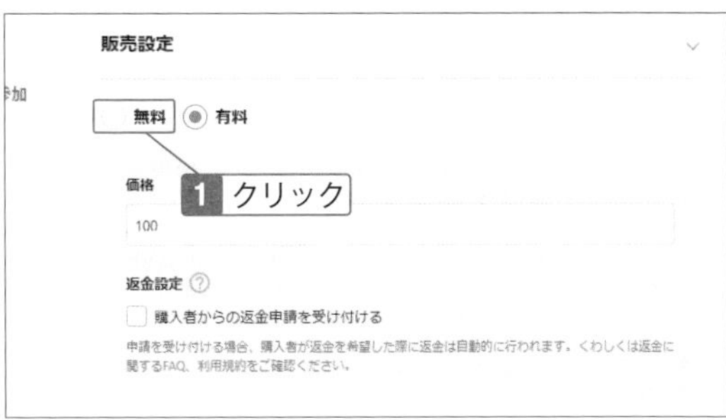

Check

無料マガジンに登録されている記事の有料化

有料に変更する記事が、自分や他のユーザーが作った無料マガジンに登録されている場合には、そのマガジンから読むときにも購入が必要になります。

3 「更新する」をクリック。メッセージが表示されたら「閉じる」をクリック。

無料の投稿を有料にする

1 記事の「…」をクリックし、「編集」をクリック（SECTION04-13）。その後「公開設定」をクリック。

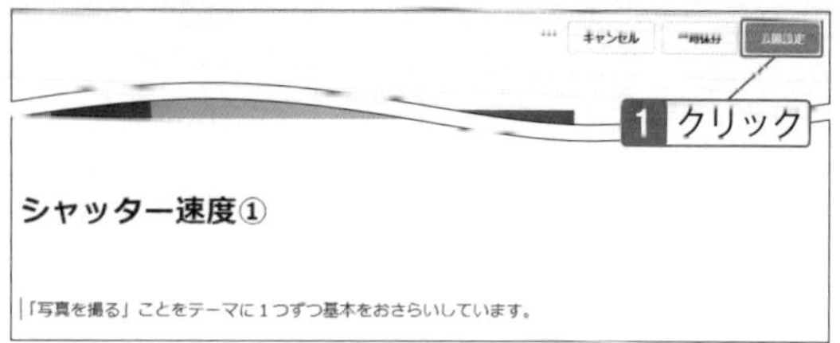

2 「有料」をクリック。

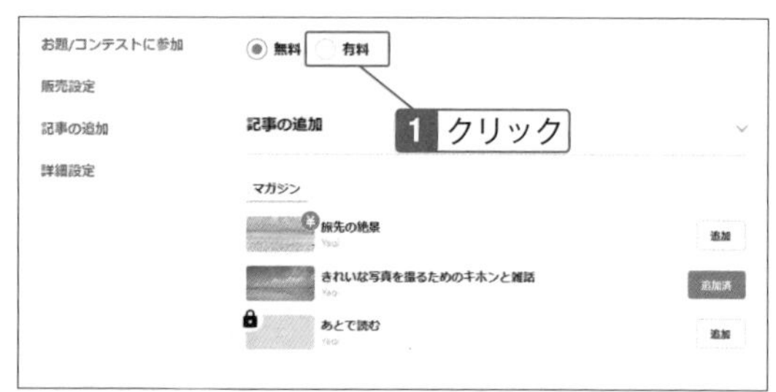

3 販売価格を入力し、「有料エリア設定」をクリック。

> **Check**
>
> **販売価格の設定**
>
> 販売価格は100円から設定できます。noteは比較的買いやすい値段に設定されている記事が多いので、特に無料で公開していた記事を有料化するなら、元は「0円」だったのですから、欲張らずに高くても「数百円程度」に抑えた方が、ユーザーの理解を得られるでしょう。

4 有料エリアを選択し、「投稿する」をクリック。

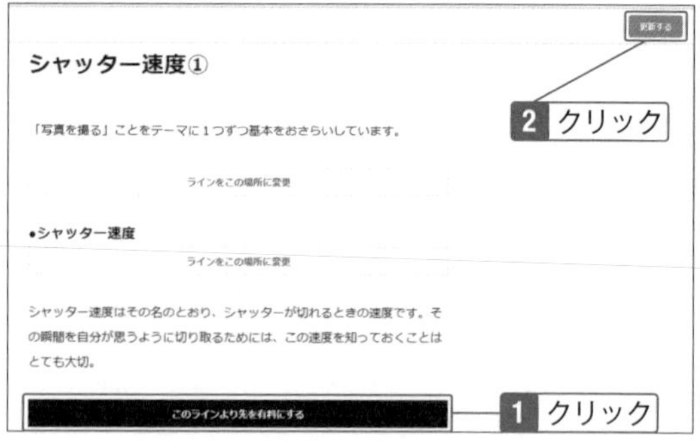

マガジンの購入者を確認する

購入者のプロフィールで今後の記事の興味を探る

販売しているマガジンが売れたら、購入者を確認してみましょう。購入してくれたユーザーの情報を確認することで、どのようなコンテンツが売れるのか、そのユーザーが何に興味を持っているのかといった情報につながります。

購入したユーザーを確認する

1 販売したマガジンを表示し、「設定」をクリック。

2 「購入者」をクリック。

> **Hint**
> **単体コンテンツの購入者を確認する**
> 記事や画像などのコンテンツの購入者は、ダッシュボードの「販売履歴」で確認します。

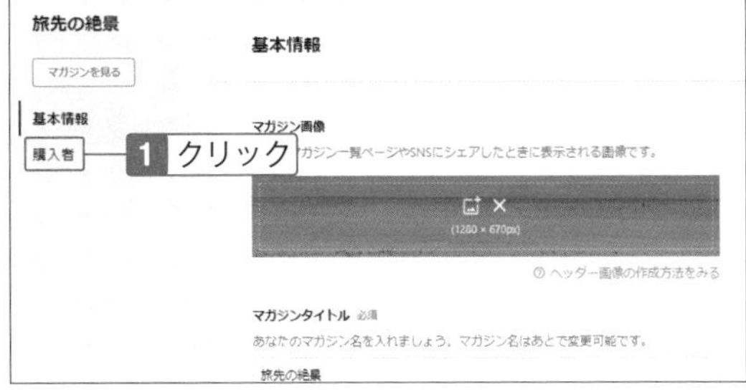

3 購入者が表示される。

> **Hint**
> **購入者のプロフィールを見る**
> 購入者をクリックすると、そのユーザーのクリエイターページにジャンプします。プロフィールや投稿している記事を見ることができます。

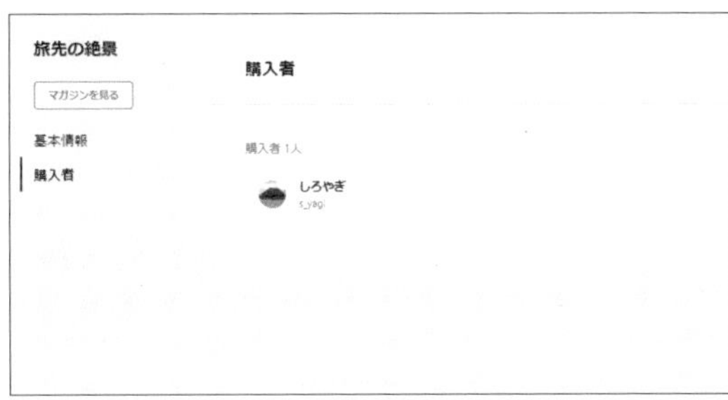

08-08

売上金額を確認する

売上金額は1か月単位で管理する

今月分の売上金額と未振り込みの金額を確認します。noteでは売上金額を1か月単位で管理していて、今どれぐらいの売上を持っているかわかります。売上金額がある程度に達したところで、振り込みの申請をします。

売上金額を確認する

1 アカウントのアイコンをクリックし、「ダッシュボード」をクリック。

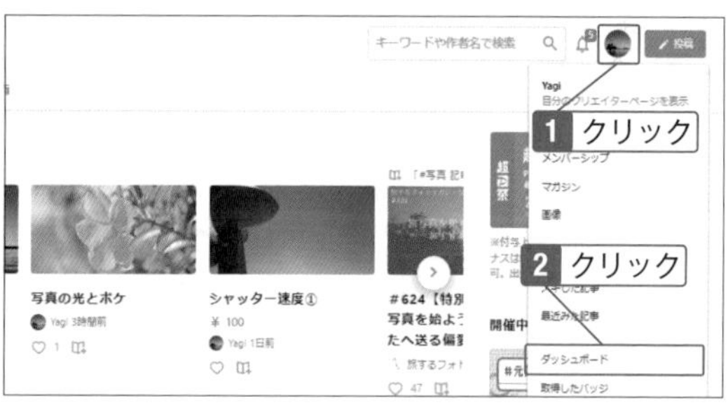

Note

ダッシュボード

「ダッシュボード」は、さまざまなデータでnoteの活動の状況がわかるページです。アクセス状況や「スキ」の数などに加え、有料コンテンツの販売状況などもわかります。

2 「売上管理」をクリック。

3 売上金額が表示される。

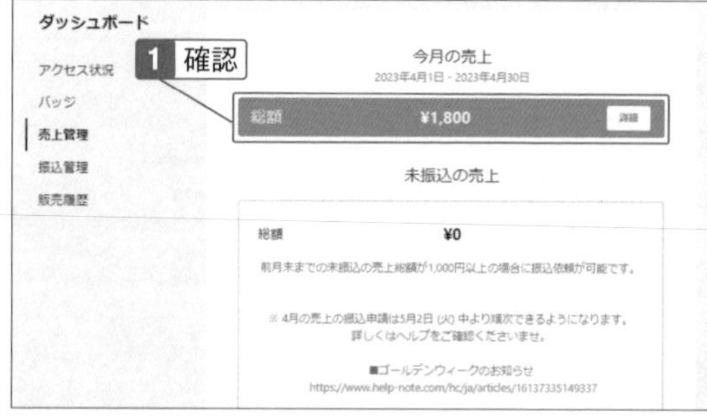

08-09

売上を受け取る

売上金が1,000円以上になったら受け取れる

販売した有料コンテンツの売上金を、あらかじめ登録した自分の金融機関の口座に振り込みます。振り込みは１か月単位で、振込は売上が1,000円以上になったら申請ができるようになります。申請すると前月末までの売上が、当月末に振り込まれます。

売上金の振込を申請する

1 アカウントのアイコンをクリックし、「ダッシュボード」をクリック。

2 「売上管理」をクリック。

Check

パスワードを入力する

最後に利用してから時間が経ったときやパソコンを再起動したあとなどには、パスワードの入力画面が表示されることがあります。ログインパスワードを入力して、「確認して続ける」をクリックします。

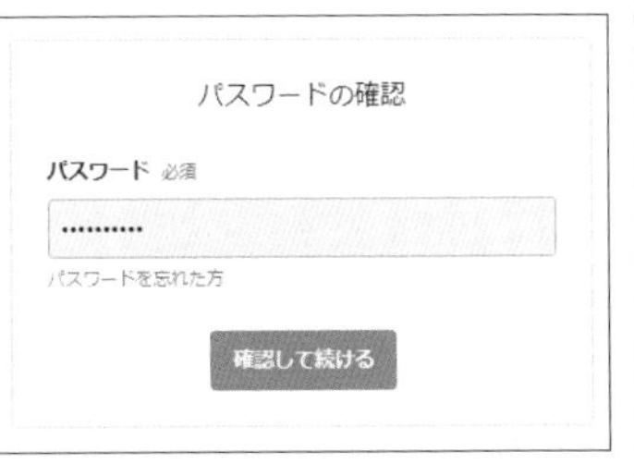

3 「振込申請」をクリック。

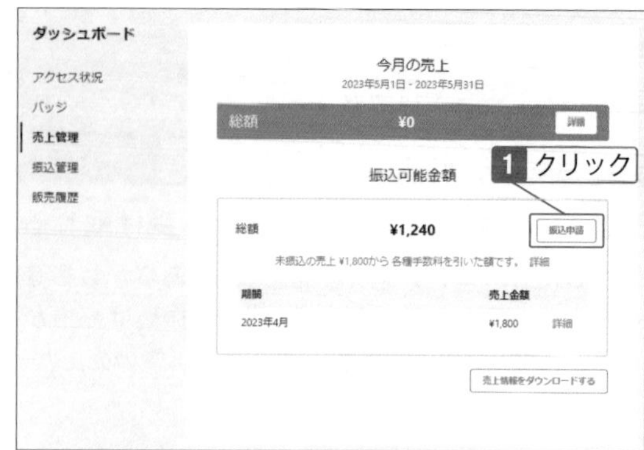

4 「申請する」をクリック。

Check

振込は売上1,000円以上

前月末で1,000円以上の売上(手数料を除いた金額)があると振込申請ができます。

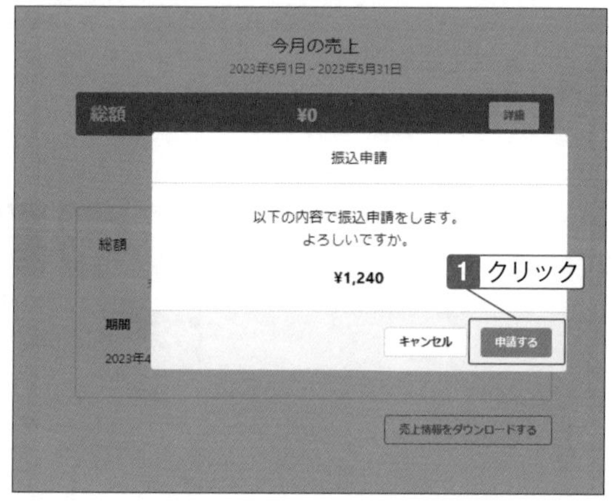

5 振込予定が表示される。

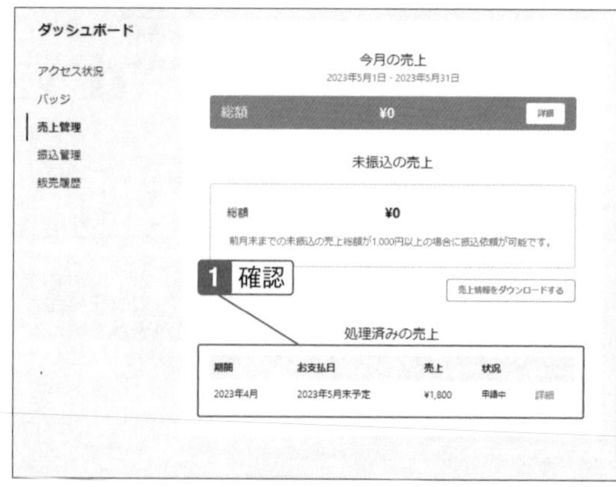

Chapter

09

noteプレミアムでより高度な有料コンテンツ販売をしよう

noteでは有料の「noteプレミアム」に登録すると、プレミアム機能が利用できるようになります。プレミアム機能では、予約投稿のような投稿機能を充実させることに加えて、サブスク型の定期購読マガジンや数量限定販売など、コンテンツの販売方法をより高度に、多様化できるようになります。noteプレミアムは有料コンテンツを充実させたいときに欠かせないサービスです。

09-01

プレミアム機能を使う

より高度な機能を利用できる有料サービス

noteは、有料サービスに「noteプレミアム」を用意しています。noteプレミアムに登録すると、追加で便利な機能が使えるようになります。noteをさらに使いこなしたいユーザー向けのサービスです。

noteプレミアムに登録すると使える機能

◎定期購読マガジンの発行

通常の有料マガジンに加えて、定期購読マガジンを販売できるようになります。定期的に記事を掲載し、1か月単位の月額課金で販売します。ただし定期購読マガジンの発行には、noteの審査が必要です。内容があいまいな場合や、集客が見込めないと判断された場合には、審査を通過できないこともあります。

◎共同運営マガジン（有料）の運営

有料のマガジンおよび定期購読マガジンで共同運営ができるようになります。収益はオーナー（管理者）に配分されます。

◎予約投稿

記事を指定した日時に投稿できるようになります。あらかじめ記事を完成させておき、日時を指定して、好きなタイミングで記事を公開します。「〇月〇日21:00に発表」といった戦略的な記事の公開にも利用できます。

◀予約投稿では、投稿を公開する日時を指定して、自動的に投稿できるようになる。

◎作れるマガジン数の増加

通常は21個まで作れるマガジンが、1,000個まで増加します。制限がほぼなくなると言ってもよいでしょう。

◎コメント欄を非表示にする

自分の投稿にコメントできないようにします。コメントが不要な投稿はコメント欄をオフにすると、すべてのユーザーはその投稿にコメントできません。

▲コメント欄を非表示にすると、投稿下部のコメント記入欄がなくなり、コメントを入力できなくなる。

◎数量限定販売

投稿した有料コンテンツの数量を限定して販売します。「限定10名」のように、プレミアム感を付けたコンテンツの販売ができるようになります。なお販売は先着順となり、抽選販売はできません。

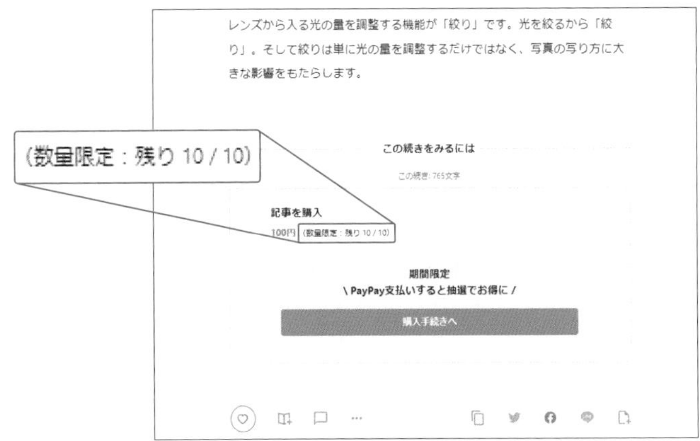

▲コンテンツの数量を限定して販売できるようになる。

◎販売価格の上限の変更

有料コンテンツに設定できる販売価格は、通常は上限10,000円までですが、noteプレミアムでは50,000円になります。より価値の高いコンテンツの販売ができるようになります。

◎ウィジェットの追加

自分のクリエイターページにAmazonやYouTubeのウィジェットを追加できます。クリエイターページの中にさまざまな外部コンテンツを表示し、収益化につなげることができます。

09-02

noteプレミアムに登録する

登録にはクレジットカードが必要

noteプレミアムに登録するには、クレジットカードが必要です。すでに有料コンテンツを購入するためにクレジットカードを支払方法に登録している場合、同じカードで決済されます。「キャリア決済」「バーコード決済」では登録できません。

noteプレミアムを有効にする

1 アカウントのアイコンをクリックし、「noteプレミアムサービス」をクリック。

Check

すでにnoteプレミアムを利用している

すでにnoteプレミアムに登録している場合、「noteプレミアムサービス」は表示されず、「プレミアム設定」メニューが表示されます。

2 申し込み画面が表示される。画面をスクロール。

Hint

ページ上部からも申し込みできる

ページ上部に表示されている「noteプレミアムに申し込む」からも申し込みできますが、画面をスクロールして機能などを確認してから申し込みを始めた方が、事前にプレミアム機能をより理解できます。

3 画面をスクロールしながら機能などを確認し、「noteプレミアムに申し込む」をクリック。

4 「noteプレミアムに申込」をクリック。

Check

カード情報を登録していないとき

カード情報を登録していない場合は、「カード情報入力画面へ」と表示されます。クリックしてカード情報を入力すると登録が完了します。

5 「戻る」をクリック。

09-03

noteプレミアムの利用をやめる

解約は1か月単位なので、やめた月末まで料金がかかる

noteプレミアムを使う必要がなくなったら、解約します。解約してもその月末まではnoteプレミアムは有効となり、月末付で登録が終了します。したがって料金はその月の月末までかかります。

noteプレミアムを解約する

1 アカウントのアイコンをクリックし、「プレミアム設定」をクリック（SECTION09-02）。その後「解約」をクリック。

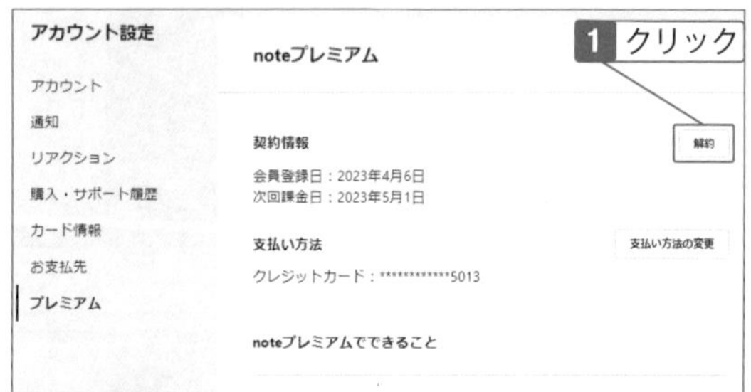

2 「解約内容を確認」をクリック。

noteプレミアム解約
注意事項をご確認の上、解約してください
• 以下、プレミアム機能が使えなくなります
• 当月内はサービスがご利用いただけます
• noteの退会ではありません
1 クリック
キャンセル
解約内容を確認

Check

noteは退会しない

noteプレミアムを解約しても、noteの解約にはならず、無料サービスを利用するようになります。アカウントやnote IDは削除されません。

3 「解約を確定」をクリック。

Check

月末まで有効

「noteプレミアム」を月の途中で解約しても、その月の月末まではサービスを利用できます。

09-04

記事を予約投稿する

定期的な記事の更新や情報公開のタイミング設定に便利

予約投稿では、あらかじめ記事を作っておき、指定した日時になると公開されます。「毎週月曜日の夜9時に投稿される」といった定期的な更新や、「今夜21時に情報公開」といった投稿を手間なく行えるようになります。

日時を指定して投稿する

1 記事を作成して「公開設定」をクリック。

Check

予約投稿は1年先まで

予約投稿に設定できる日時は、投稿日から1年先の23時30分までです。

2 「詳細設定」をクリック。

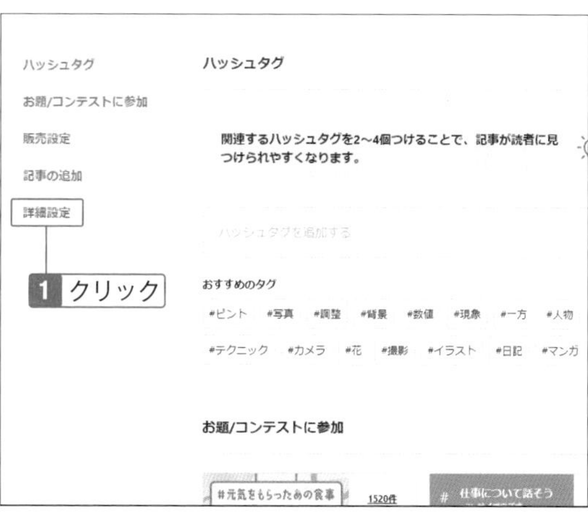

3 「予約投稿」の「設定する」をチェック。

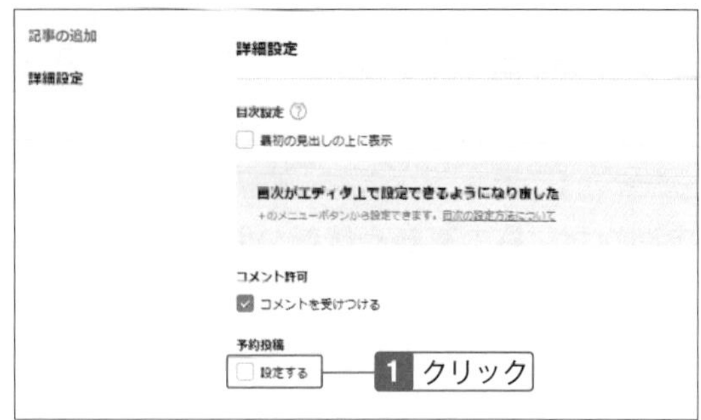

4 日時を設定し、「予約投稿」をクリック。

Check

時間設定は30分単位

予約投稿で設定できる時間は30分単位で、毎時00分または30分になります。

5 指定した日時で投稿予約が設定される。「閉じる」をクリック。

Check

公開日時が表示される

公開前に記事を表示すると、上部に公開日時が表示されます。

公開日時： 2023年4月9日 12:00

絞り①

コメント欄を非表示にする

荒らしや炎上の一時的な防止策にも

投稿の下に表示されるコメント欄を非表示にします。コメントはコミュニケーションを進める有効な手段ですが、荒らしの防止などに一時的にコメントを受け付けないといった対応に利用できます。

投稿のコメント欄を表示しない

1 記事を作成して「公開設定」をクリック。

Hint

記事の作成

記事を作成するときには「投稿」をクリックし、投稿する記事の種類をクリックします。

2 「詳細設定」をクリック。

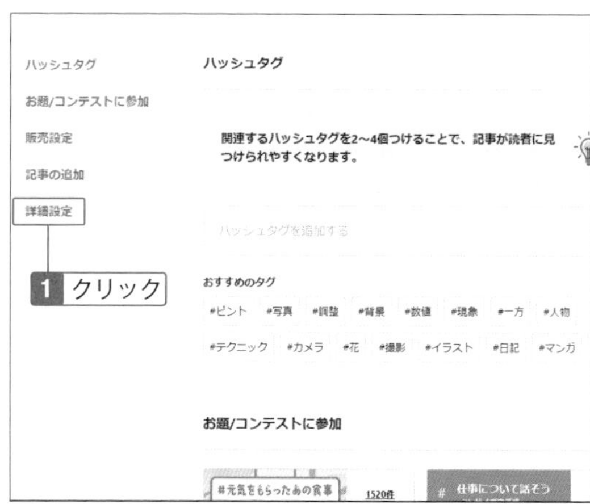

3 「コメントを受け付ける」のチェックをオフにし、「投稿する」をクリック。

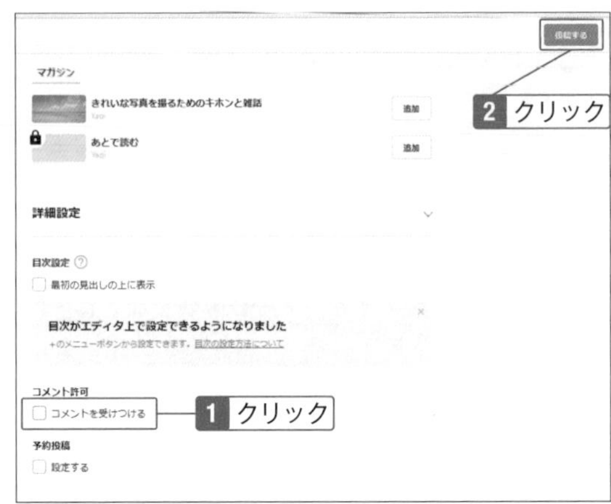

4 「閉じる」をクリック。

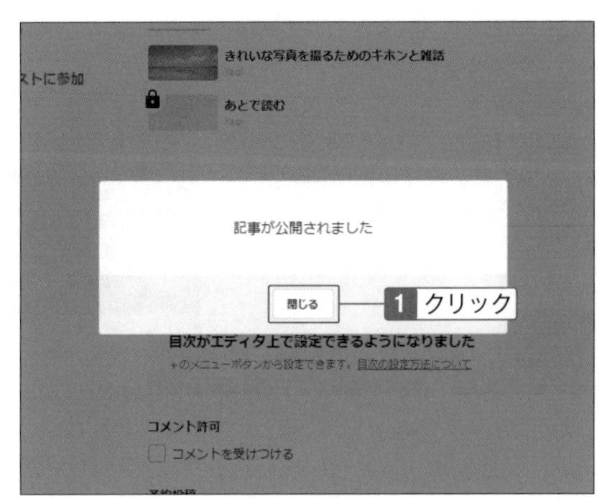

Check

「コメントする」が表示されない

コメント欄を非表示にした記事では、記事を表示したときの下部に表示されるコメント欄が非表示となり、また記事の下に表示される「コメントをみる」アイコンも非表示になります。

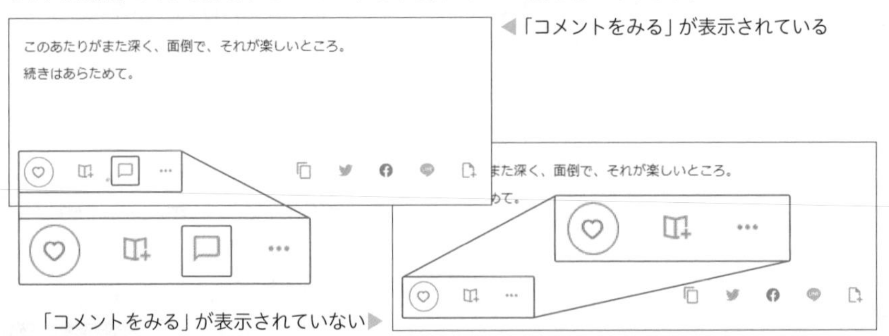

◀「コメントをみる」が表示されている

「コメントをみる」が表示されていない▶

09-06

記事を数量限定で販売する

数量限定でプレミアム感を出したいときに

有料コンテンツを数量限定で販売します。記事や画像を購入できる人数を制限し、コンテンツのプレミアム感を狙う効果があります。プレミアム感のあるコンテンツを作って、クリエイターとしての価値も高める戦略も可能です。

販売数量を指定する

1 記事を作成して「公開設定」をクリック。

Hint

記事の作成

記事を作成するときには「投稿」をクリックし、投稿する記事の種類をクリックします。

2 「販売設定」をクリックし、「有料」をクリック。

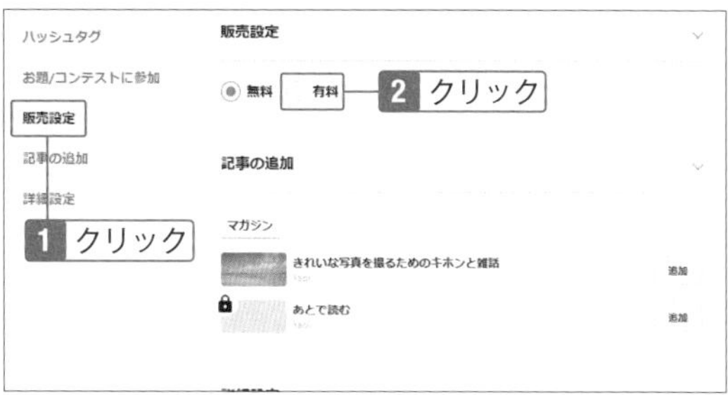

3 価格を入力し、「数量限定で販売する」にチェック。

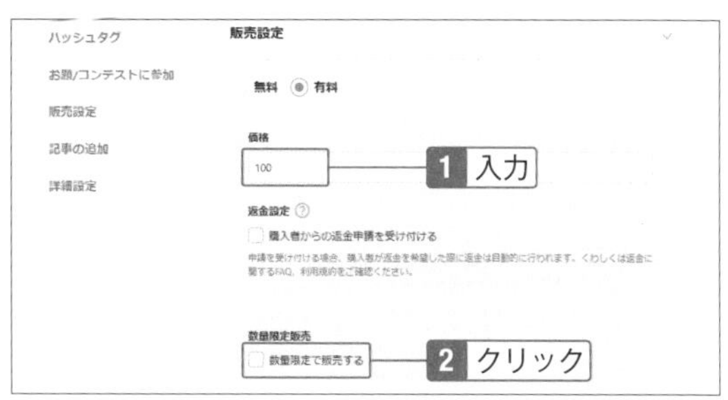

4 数量を入力し、「有料エリア設定」をクリック。

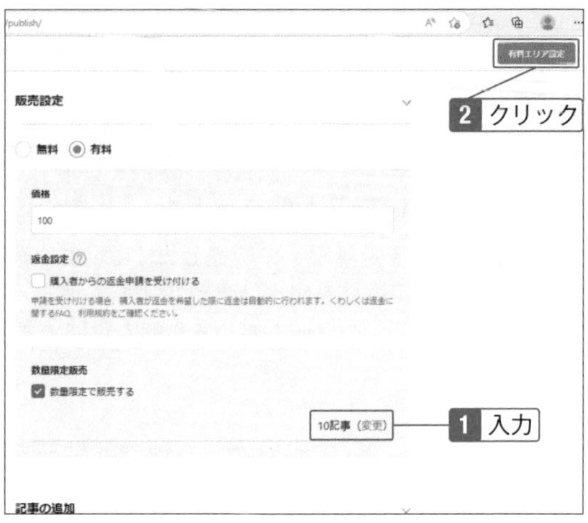

5 有料エリアを設定して「投稿する」をクリック。「記事が公開されました」というメッセージが表示されたら「閉じる」をクリック。

⚠ Check

数量を追加する

販売途中や売り切れた記事の数量を追加するときは、記事を編集して販売記事数の設定を変更します。残りの数量を減らすこともできます。

⚠ Check

数量が表示される

数量限定で販売している記事には、販売数量と残りの数量が表示されます。

Chapter

10

より高度な有料サービスや機能を使いこなそう

noteは、これまでにないコンテンツ提供のスタイルも提案しています。「メンバーシップ」では同じ趣味や趣向の人が集まり、参加者だけで深いコミュニケーションを図れます。また定期購読マガジンでは月額課金の有料販売ができるようになり、買い切りの有料マガジンに比べて安定した収益を見込めるようになります。

10-01

同じ趣味の人が集まる「メンバーシップ」

メンバーシップは、月会費のかかる有料のみ

noteにはコミュニティを運営する「メンバーシップ」があります。メンバーシップは有料サービスとして運営され、その名のとおり、同じ趣味や目的を持った人が集まって活動を行う場所です。noteのユーザーが情報を交換する場所にもなります。

「メンバーシップ」を作るには

noteのメンバーシップは、参加者限定のコミュニティ掲示板です。メンバーシップの開設者（オーナー）が投稿した掲示板にコメントできます。コメントできるメンバーが限定されているので、いわゆる「荒らし」のような不正な投稿や不快なコメントがない、快適なコミュニティにすることができます。

メンバーシップは、運営者が作成し、メンバーを集うことからはじまります。ただし他のSNSに見られるコミュニティ機能とは異なる点がいくつかあります。

はじめに、noteでは「無料参加できる」メンバーシップはできません。すべて月会費のかかる「有料メンバーシップ」となります。それに伴い、メンバーシップを作るときにもnoteの審査が必要で、「なんとなく集まってみたい」というような気軽なメンバーシップはできません。

これは顔が見えないネット上でやみくもに人が集まり、トラブルになることを防いでいます。noteのメンバーシップは「メンバーシップの内容に共感し、会費を払って参加したい」というユーザーだけが集まります。

また、前述のように掲示板はオーナーだけが投稿できます。メンバーシップに参加しているメンバーはコメントだけできます。オーナーの投稿をきっかけにコメントでコミュニケーションを進める仕組みになっています。

◀「話題のメンバーシップ」を見るとさまざまなメンバーシップが開かれていることがわかる。興味のあるメンバーシップがあれば参加してみよう。

メンバーシップ開設の申請に必要なもの

noteでメンバーシップを開設するときには、前述のように審査があるため、きちんとメンバーシップの運営について決めておく必要があります。

メンバーシップの名前や内容はもちろん、月額費用に加えて「プラン」が重要です。プランとは、月会費とも関係する、メンバーシップに参加したときの権利や特典のことを定めた事項で、最大3つのプランを作ることができます。メンバーシップに入ると「何ができるのか」「どんな楽しみ方ができるのか」を明確にします。

たとえば「学生向け」「一般社会人向け」や、「掲示板で参加する」「イベントに参加できる」というプランを作り、メンバーシップ内での楽しみ方を細かく分け、それぞれ月会費を設定するといったぐあいです。

さらに「特典」を考えます。「特典」は、プランごとに用意します。特典は具体的に「何かをプレゼントする」ことに限りません。プランを選ぶときの参考になる、プランごとのメリットを明示します。たとえば次のようになります。

「掲示板で参加する」プランの特典 ➡ 「掲示板で輪が広がります」
「イベントに参加できる」プランの特典 ➡ 「有料マガジンを差し上げます」

このように細かくメンバーシップのプランを決めるのは、ユーザーがメンバーシップに入るまで掲示板を見られず、メンバーシップの具体的な活動がわからないからです（掲示板への投稿をメンバーシップ外に公開することも可能です）。あらかじめメンバーシップの概要を細かく知ることができるように、プランや特典を細かく書きます。

◀メンバーシップを作るときは、内容や特典を細かく決めておく。「プラン」を申請し、承認されたらメンバーシップの運営がはじまる。

10-02

メンバーシップの開設を申請する

はじめに月額参加費と内容を決める

メンバーシップの開設・運営は誰でもできます。ただし月額課金のプランを設定する必要があるので、審査を申請しなければなりません。審査が終了すると、メンバーシップの運営をはじめられるようになります。

プランを作成・申請する

1 アカウントのアイコンをクリックし、「メンバーシップ」をクリック。

2 「メンバーシップをはじめる」をクリック。

Check

運営できるメンバーシップは1つ

メンバーシップの運営は、1つのアカウントにつき1つまでです。複数のメンバーシップを同時に運営することはできません。

3 「基本情報」にメンバーシップの名前と運営タイプ、メンバーシップの説明を入力して、カテゴリを選択する。その後「プラン作成に進む」をクリック。

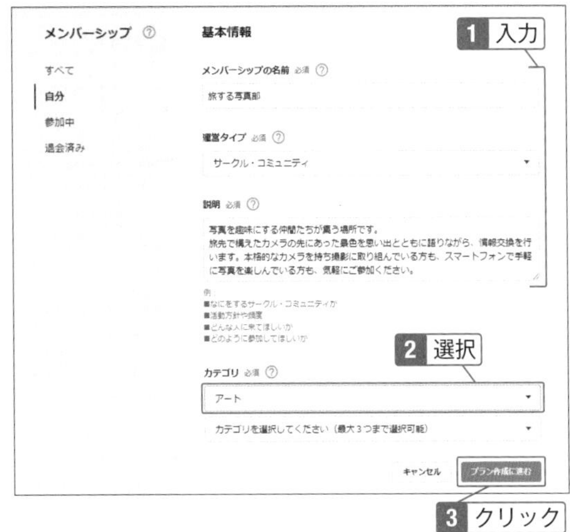

Check

カテゴリは3つまで

メンバーシップのカテゴリは、メンバーシップの内容をジャンルで分類した項目です。必ず1つ選択する必要があり、最大で3つまで選択できます。

4 「会員証の画像」にメンバーシップのイメージになる画像をアップロード。

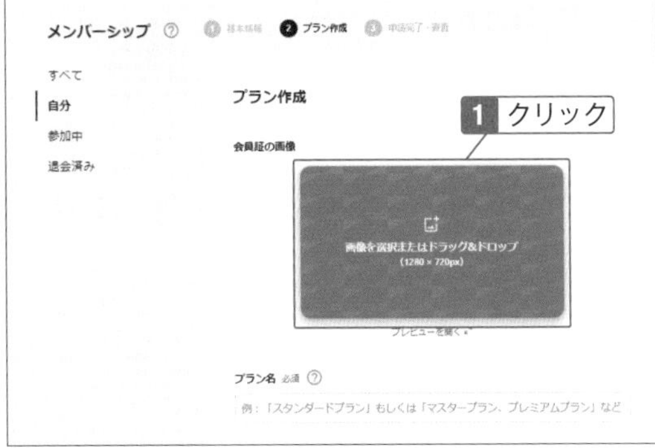

Check

プランの画像

プランの設定画面の上部では、プランの画像を登録できます。プランの画像は、そのプランの会員証のような役割を持ち、参加したユーザーに表示されますが、登録しなくても構いません。

5 画像が登録される。プランの名前と説明を入力。

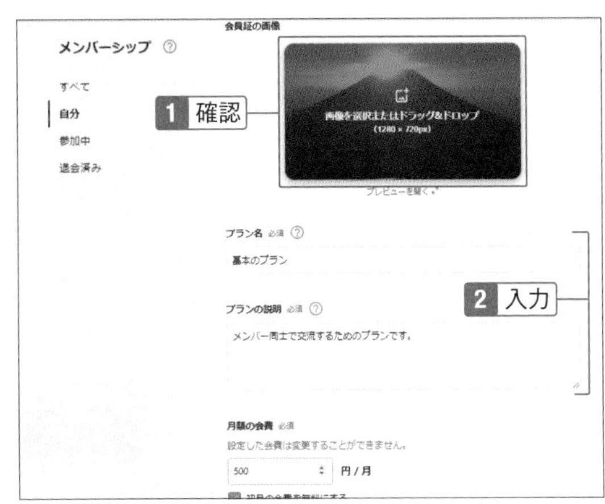

6 画面をスクロールして、月額の会費、参加特典、SNSのURLを入力し、「プランを申請」をクリック。

Check

URLの入力は審査に利用される情報

外部のURLは審査で利用されます。メンバーシップ内で公開されることはありません。入力は任意で、承認に外部のURLが絶対に必要とは限りませんが、その人の普段の活動がわかり、すみやかに承認を受けられるようになります。

7 「閉じる」をクリック。

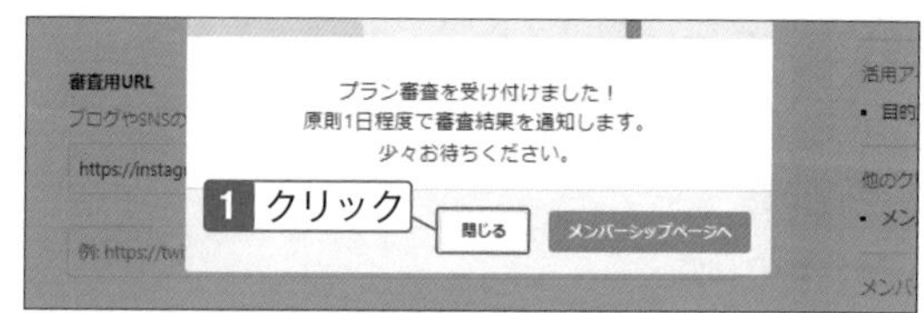

8 審査で承認されるとメールが届く。

Check

プランの申請状況を確認する

プランの申請結果はメールで届きます。また、アカウントのアイコンから「メンバーシップ」をクリックして、メンバーシップの「管理画面を開く」をクリックすると、メンバーシップの管理画面が表示され、プランの申請状況を確認できます。

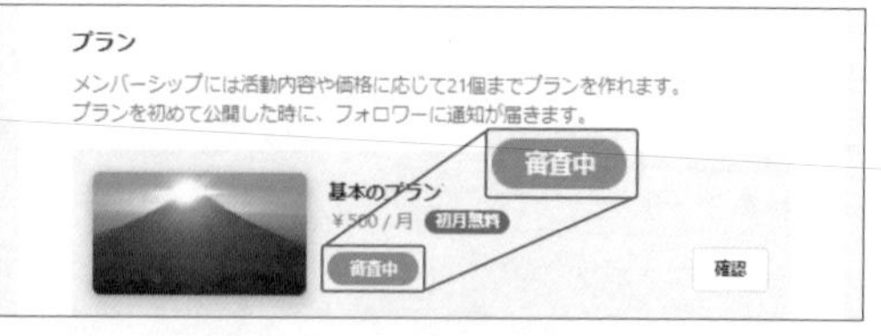

10-03

メンバーシップの画像を追加する

メンバーシップの内容に合った画像を登録しよう

メンバーシップに画像を登録しておくと、よりそのメンバーシップのイメージが伝わりやすくなります。メンバーを集めるきっかけになるように、画像はメンバーシップの内容に合わせたものにします。

画像を登録する

1 アカウントのアイコンをクリックして、「メンバーシップ」をクリック。

2 「管理画面を開く」をクリック。

Check

仮の画像が表示されている

メンバーシップに画像を登録していない場合、仮の画像が登録され、表示されます。

3 メンバーシップの概要の下の「編集する」をクリック。

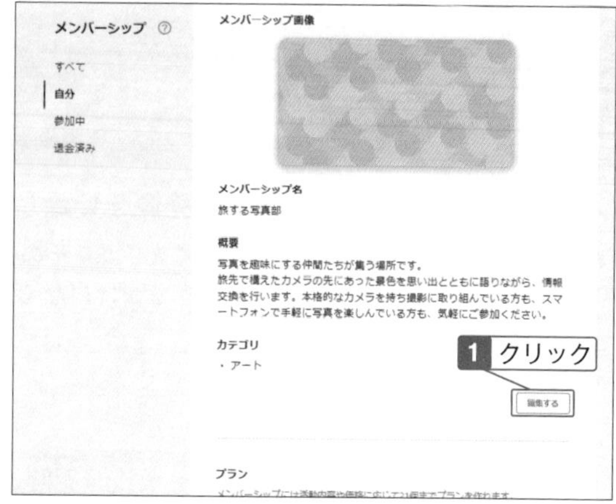

4 画像をアップロードして、「更新する」をクリック。

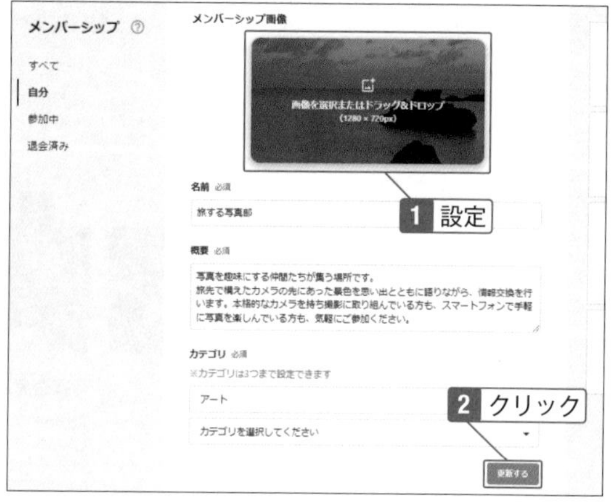

Hint

概要やカテゴリを編集する

メンバーシップの編集画面では、登録している概要やカテゴリを修正、編集することもできます。

5 画像が登録される。

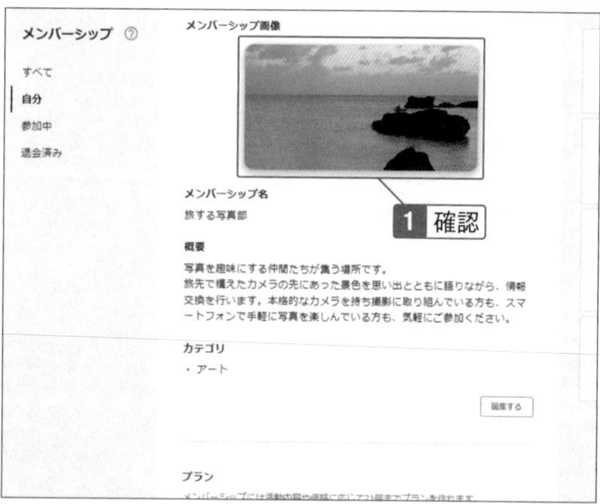

プランを追加する

複数のプランでメンバーシップを運営する

メンバーシップには複数のプランを登録することができます。たとえば特典のあるプランと特典がないプランなどを分けて登録しておくと、利用目的や興味の度合いに合わせてメンバーシップの加入方法を選べるようになります。

プランを追加する

1 アカウントのアイコンをクリックして、「メンバーシップ」をクリック。

2 「管理画面を開く」をクリック。

Check

プランの数

1つのメンバーシップに登録できるプランは最大21個までです。ただし公開できるプランは同時に5つまでです。

3 「プランを追加する」をクリック。

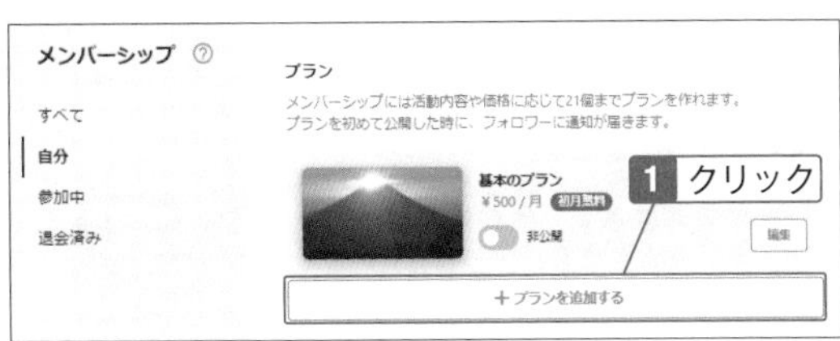

4 プランの画像や名前、説明、価格などを入力する。

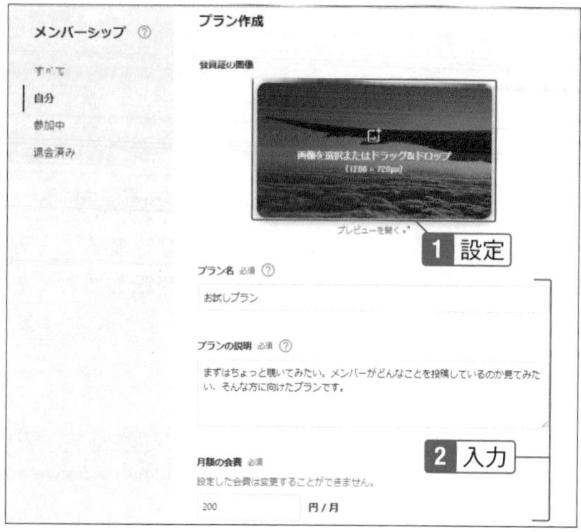

Check

プランの金額

プランの金額は、100円～50,000円（月額）の範囲で自由に設定できます。企業が利用するアカウントの「note pro」ではプランの上限が100,000円（月額）です。

5 プランの特典、審査用URLを入力して「プランを申請」をクリック。

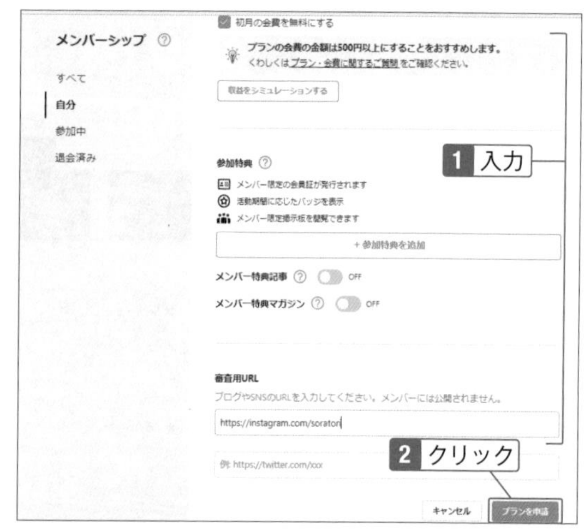

6 「閉じる」をクリック。

Check

審査で承認されるとプランを公開できる

プランを追加した場合でも、はじめにメンバーシップを作成したときと同様に審査が行われます。審査で無事に承認されると、プランを公開できるようになります。プランが承認されるとメールが届きます。

10-05

メンバーシップの運営をはじめる

最初は無料で知人を招待するところからはじめよう

メンバーシップは人が集まってこそ盛り上がるものです。待っていてもなかなか参加者は現れませんので、はじめは知人を招待してみましょう。メンバーシップの参加は有料ですが、主宰者は他のユーザーを無料で招待することができます。

プランを公開する

1 アカウントのアイコンをクリックし、「メンバーシップ」をクリック。

Check

プラン承認後は非公開

プランを申請して、承認されると、そのプランは非公開の状態になります。メンバーシップの運営をはじめてメンバーを集めるために、プランを公開します。

2 メンバーシップの「管理画面を開く」をクリック。

Check

非公開のまま準備する

メンバーシップのプランが承認されてからも、運営には準備が必要です。紹介文の内容を見直したり、画像を登録したり、あるいはあらかじめ掲示板に投稿をしておくこともあるでしょう。運営を開始するまではプランを非公開にしておき、十分な準備をしましょう。

3 画面をスクロールして、プランの「非公開」をクリック。

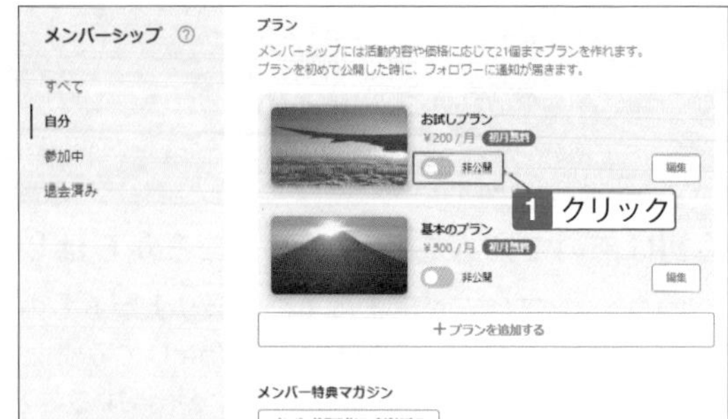

4 「公開する」をクリック。

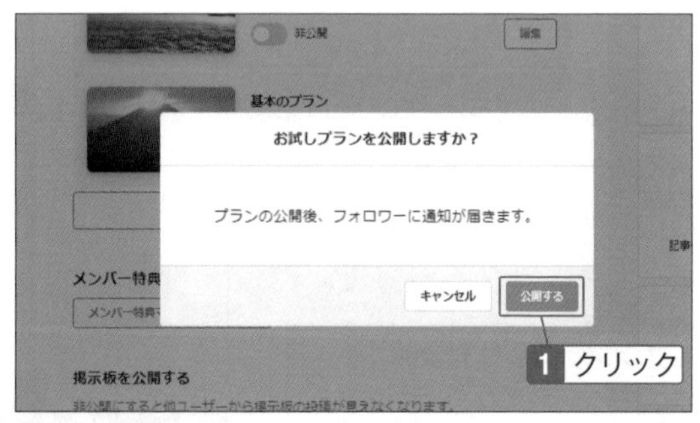

5 「閉じる」をクリック。

Hint

フォロワーに通知が届く

プランを公開すると、自分のフォロワーに通知が届きます。同様に、自分がフォローしているクリエイターがメンバーシップを作成してプランを公開すると通知が届くので、興味のあるプランであれば参加してみましょう。

6 プランが公開される。

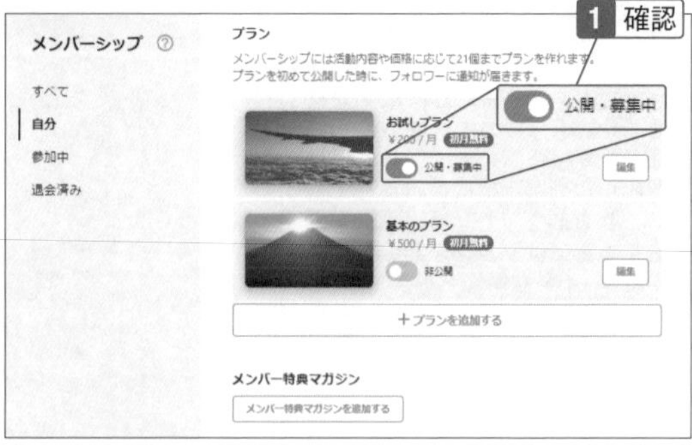

Check

プランの公開は変更できる

プランは公開後でも、非公開に変更できます。プランは最大21個まで作成できますが、同時に公開できるプランは5つまでで、その範囲内で公開するプランを自由に選ぶことができます。

メンバーシップを確認する

1 自分のクリエイターページを表示し、「メンバーシップ」をクリック

2 メンバーシップのホーム画面が表示される。「掲示板」をクリック。

3 「未加入者向けのページを表示する」をクリック。

4 未加入者向けのページが表示される

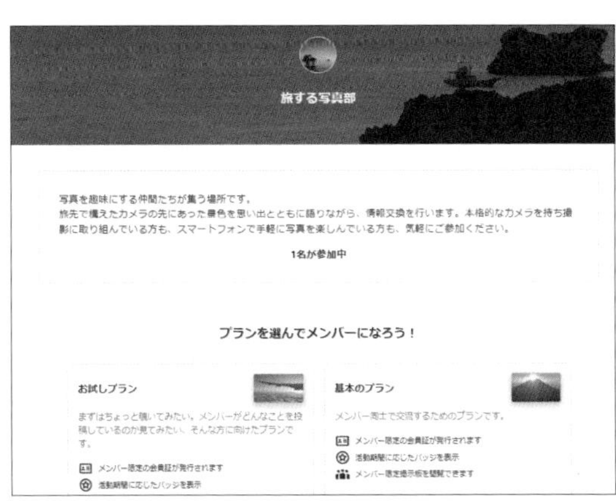

メンバーを招待する

1 アカウントのアイコンをクリックし、「メンバーシップ」をクリック。

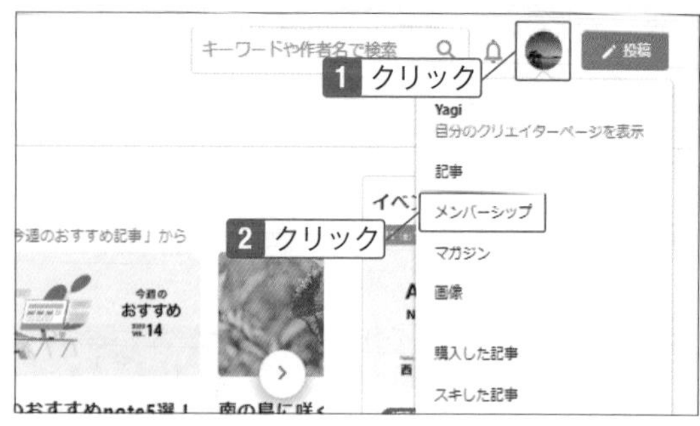

> **Check**
> **無料招待は10人まで**
> 　メンバーシップには10人まで、無料で招待できます。プランが複数ある場合、すべてのプランの合計で10人までです。招待しても参加しない場合は人数に含まれません。

2 「管理画面を開く」をクリック。

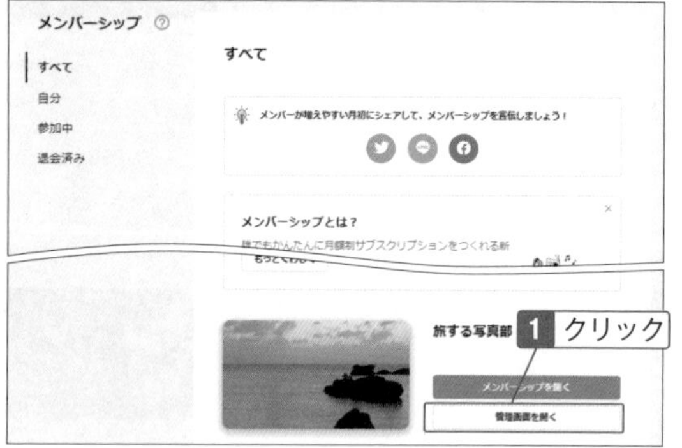

> **Check**
> **招待する人を選ぶ**
> 　招待する人は友人や知人、仕事関係の仲間など、すでにお互いを知っている人から選びましょう。ネット上だけで少し知っているようなユーザーなどをやみくもに招待するとトラブルの原因になります。

3 画面をスクロールし、「メンバーを招待」をクリック。

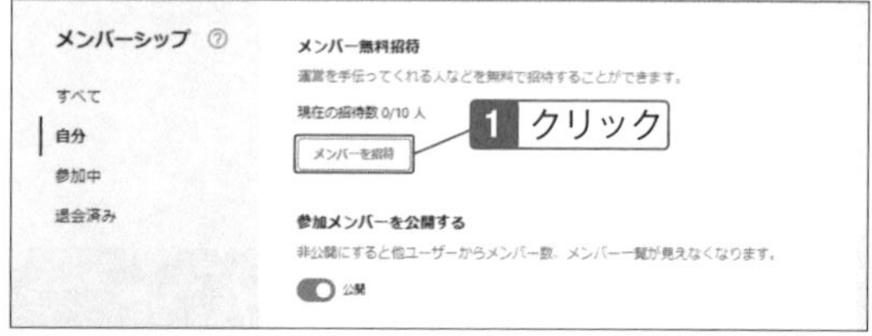

4 招待するプランの「選択」をクリック。

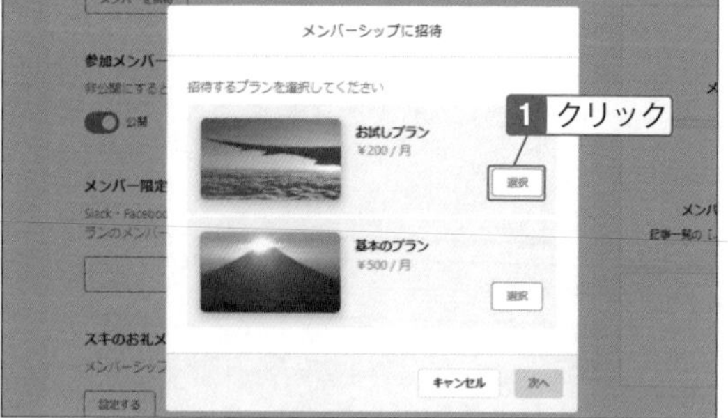

5 「次へ」をクリック。

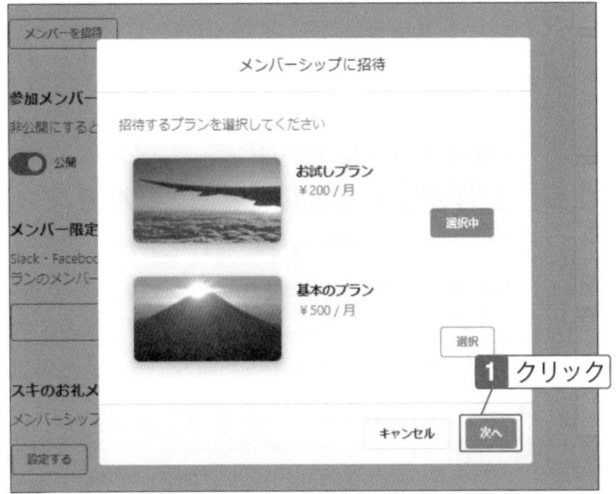

6 招待するユーザーのnote IDを入力し、表示される候補から招待するユーザーをクリック。

Check

招待にはnote IDが必要

招待にはnote IDが必要です。メールアドレスで招待することはできません。

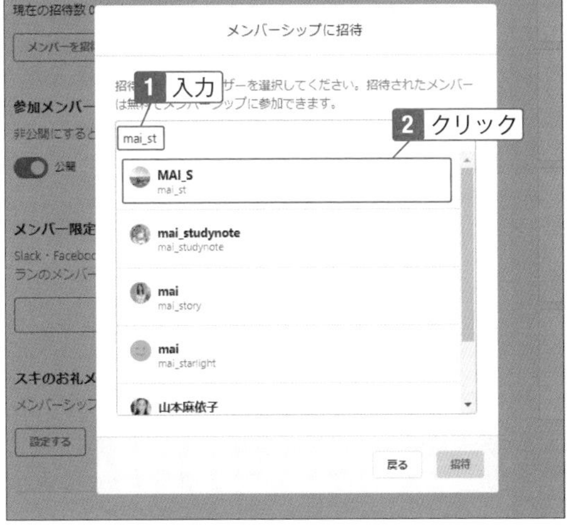

7 「招待」をクリック。「メールを送信しました」とメッセージが表示されたら「閉じる」をクリック。

Check

招待メールで参加する

招待されたユーザーには招待メールが届きます。メールに書かれたリンクをクリックすると、メンバーシップに参加します。招待メールから参加したユーザーは、メンバーシップの参加費が不要です。

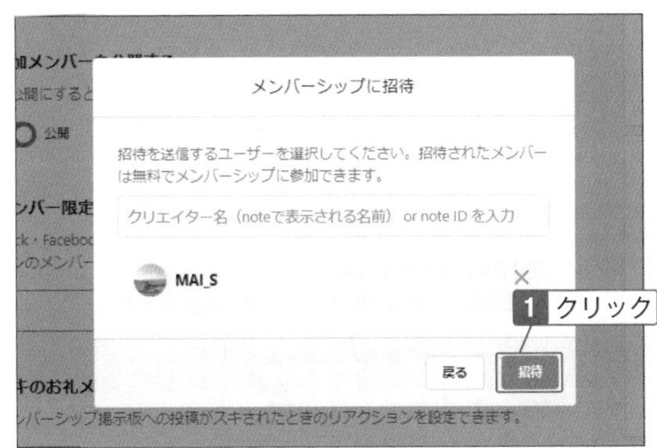

10-06 メンバーシップの掲示板に投稿・コメントする

主宰者だけが記事を投稿できる。参加者はコメントを投稿

メンバーシップの掲示板は、1つの記事からコメントをやりとりし、盛り上がる場所です。メンバーシップに記事を投稿できるのは主宰者だけなので、積極的に投稿して、参加者がコメントを投稿し、コミュニケーションを広げる場所を作りましょう。

メンバーシップの掲示板に投稿する

1 自分のクリエイターページを表示する。「掲示板」をクリックし、「新規投稿のタイトル」と投稿内容を入力。

Check

新規投稿のスペース

新規投稿のスペースは、メンバーシップの主宰者がメンバーシップを表示したときにいちばん上に表示されます。

2 「公開範囲」をクリック。

Check

掲示板の投稿の公開範囲

掲示板の投稿の公開範囲は以下の3つから選べます。

公開：メンバーシップ未加入者にも公開する
メンバー全員に公開：メンバーシップのメンバー全員に公開する
プラン限定公開：特定のプランの参加者だけに公開する

3 公開範囲を選択し、「投稿する」をクリックすると、入力した内容が投稿される。

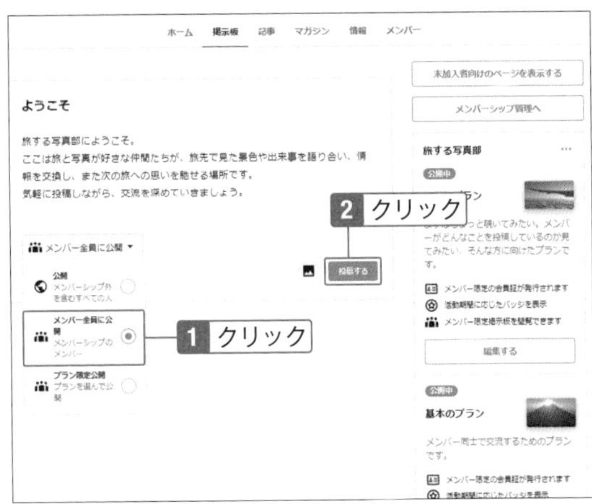

⚠ Check

プラン限定公開

「プラン限定公開」を選択したときは、公開の対象となるプランを選択します。

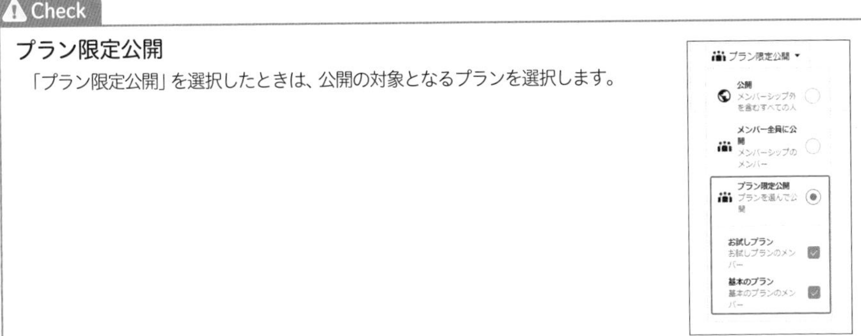

4 掲示板で公開される。

投稿にコメントする

1 投稿の下に表示されている「コメントする」をクリック。

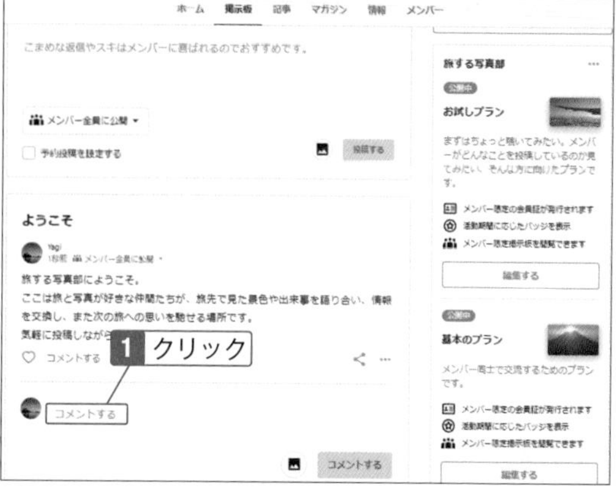

Hint

投稿に「スキ」を付ける

投稿にはコメントだけでなく、「スキ」を付けることもできます。

2 コメントを入力し、「コメントする」をクリック。

Hint

コメントに画像を付ける

画像を付けたコメントの投稿も可能です。「画像」アイコンをクリックして画像をアップロードします。

3 コメントが投稿される。

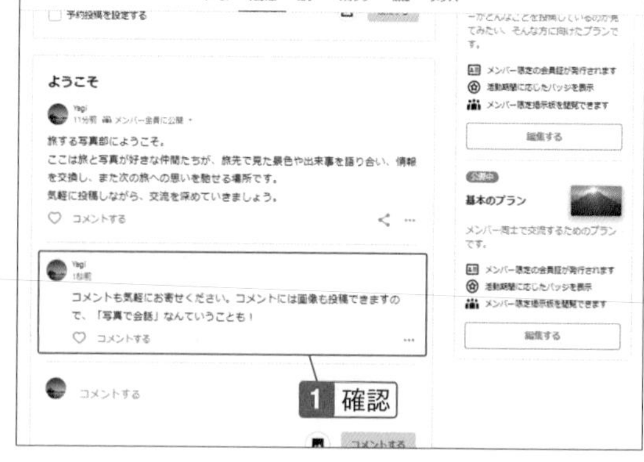

Hint

主宰者もコメントできる

記事のコメントはメンバーシップのメンバーだけでなく、主宰者自身も投稿できます。メンバーのコメントに返信してメンバーシップを盛り上げましょう。

10-07

メンバーシップを運営・管理する

メンバーシップの管理は主宰者の「任務」。しっかり管理しよう

メンバーシップの運営は、「放っておけば大丈夫」ではありません。より多くのメンバーを募るために紹介文を書き換えたり、ときにはトラブルを起こしたメンバーを退会させたりといったさまざまな作業があります。

管理ページを表示する

1 アカウントのアイコンをクリックして、「メンバーシップ」をクリック。その後メンバーシップの「管理画面を開く」をクリック。

2 管理ページが表示される。管理ページでメンバーシップの紹介文の修正・更新、プランの追加や変更、お礼メッセージの編集などを行う。

Check

「売上管理」はメンバーシップ以外も合わせた合計

管理ページの「売上管理」は、ダッシュボードの売上管理にジャンプします。メンバーシップ内での売上だけではなく、自分が発信している有料コンテンツすべての売上が表示されます。

3 手順2の画面で、右側の「メンバー一覧」をクリックすると、メンバーを退会させることができる。

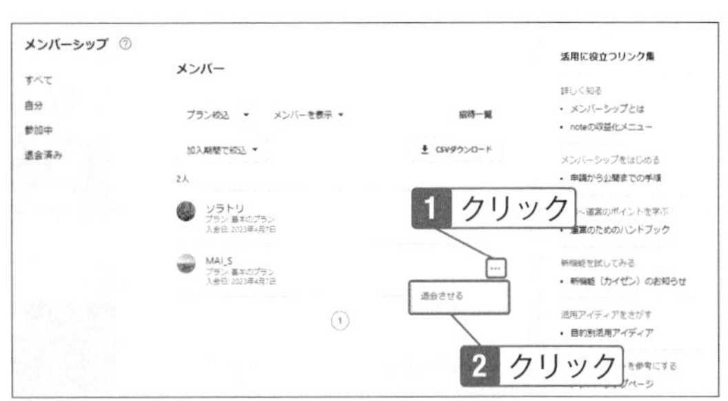

10-08

メンバーシップを検索する

注目のメンバーシップに参加する

メンバーシップの数はとても多いので、参加するメンバーシップを探すときには注目されているメンバーシップの中から探して参加すると、多くの人と交流できる可能性が高く、つながりが広がります。

分類からメンバーシップを探す

1 ホーム画面で「メンバーシップ」をクリック。

2 「注目のメンバーシップ」の「すべて見る」をクリック。

Check

メンバーシップの分類

メンバーシップの分類には、「話題のメンバーシップ」、「注目のメンバーシップ」、「メンバーシップをもっと知る」、「新着メンバーシップ」の4項目があります。このうち「メンバーシップをもっと知る」はnote公式やnote編集部によるnoteのノウハウや新着情報が掲載される公式メンバーシップです。

3 分類されたメンバーシップが表示される。

Hint

クリエイターからメンバーシップを探す

特定のクリエイターが運営するメンバーシップを探したいときには、note IDや名前でクリエイターページを検索して、「メンバーシップ」を表示します。

10-09

メンバーシップに参加する

「note公式メンバーシップ」は流れを確かめられる無料メンバーシップ

はじめてメンバーシップに参加しようとしているなら、noteの公式メンバーシップに参加してみましょう。noteでは唯一の無料で参加できるメンバーシップで、「メンバーシップとはどのようなものか」がわかります。

note公式メンバーシップに参加する

1 「note公式」を検索してクリエイターページを表示し、「メンバーシップ」をクリック。

Hint

note公式メンバーシップの表示

　note公式メンバーシップは、「メンバーシップ」の「注目のメンバーシップ」の中に表示されます。「note公式」をフォローしていれば、自分のクリエイターページの「フォローしているクリエイターのメンバーシップ」にも表示されます。

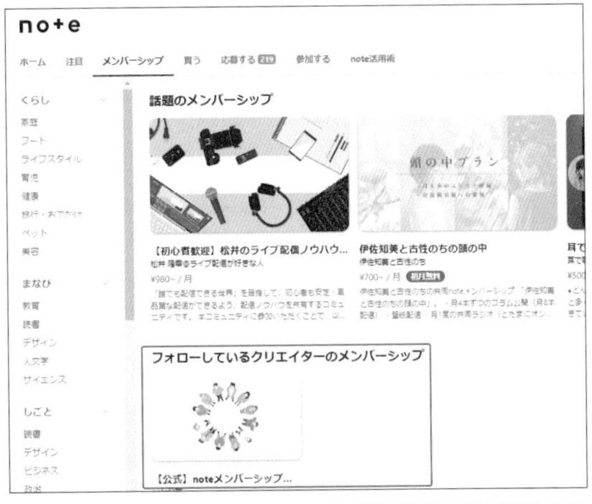

2 メンバーシップの内容を確認し、画面をスクロール。

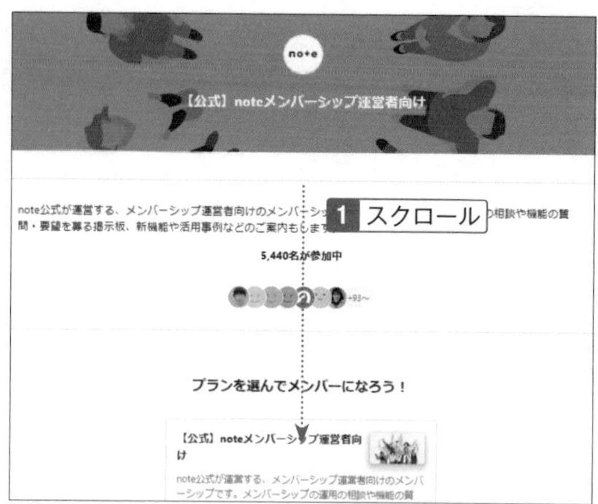

3 「参加手続きへ」をクリック。

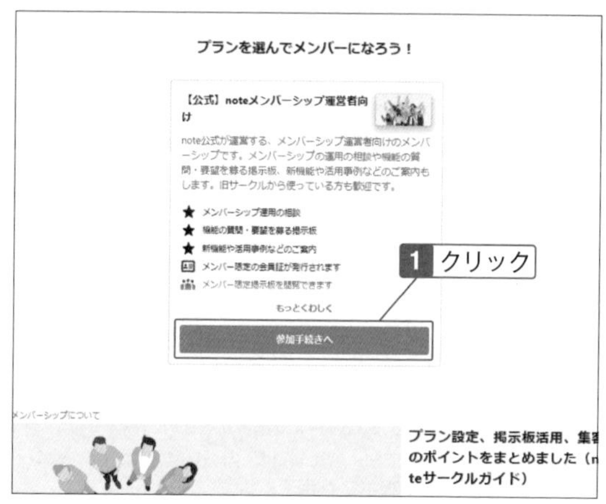

4 「参加する」をクリック。

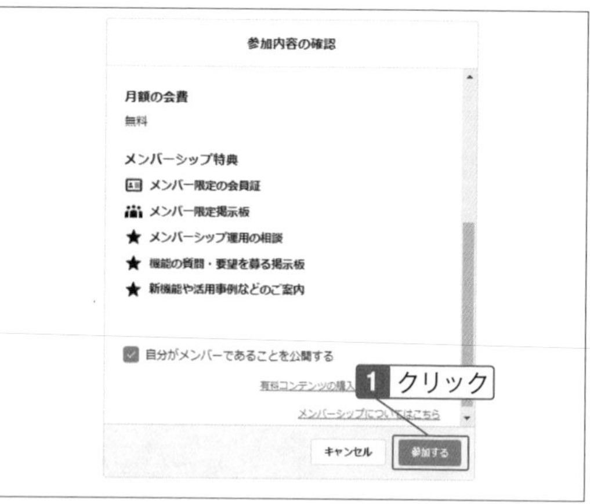

Check

参加していることを公開しない

手順4の画面で、「自分がメンバーであることを公開する」のチェックをオフにすると、メンバーシップに参加しているメンバーの一覧に表示されません。

5 「さっそく読んでみる」をクリック。

6 メンバーシップの投稿を見られるようになる。

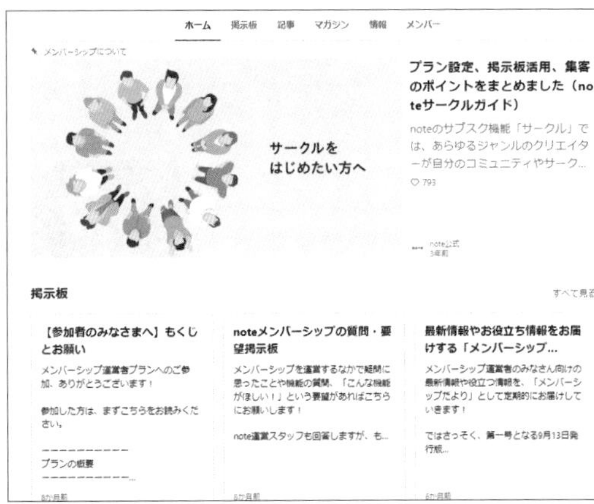

Hint コメントの投稿もできる

note公式メンバーシップは、他のメンバーシップと同じように、掲示板の投稿にコメントしてコミュニケーションを広げることができます。使い方がわからないときに質問したり、答えたりして、メンバーシップを楽しんでみましょう。

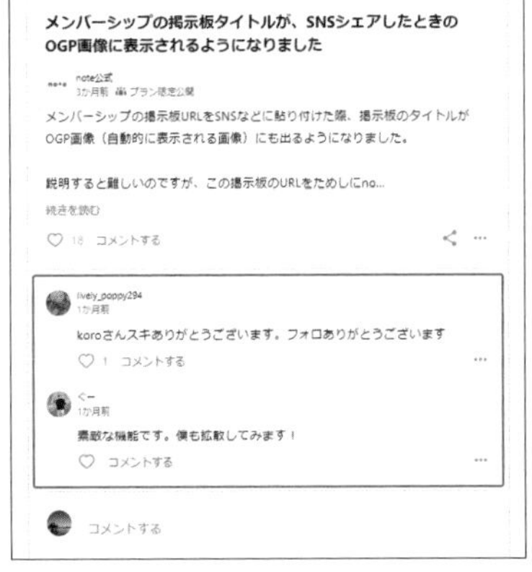

10-10 参加しているメンバーシップを確認する

自分が主宰しているメンバーシップと参加しているメンバーシップを表示する

自分が主宰者として開設しているメンバーシップと、メンバーとして参加しているメンバーシップを表示します。メンバーシップの掲示板を見る、投稿する、管理する、退会するなどメンバーシップにアクセスするときに利用します。

メンバーシップを表示する

1 アカウントのアイコンをクリックし、「メンバーシップ」をクリック。

2 メンバーシップが表示される。

⚠ Check

表示を絞り込む

サイドバーの「自分」をクリックすると、自分がオーナーのメンバーシップを表示します。「参加中」をクリックすると、自分が参加しているメンバーシップを表示します。

10-11

月額課金マガジンの発行を申請する

内容をしっかりと吟味して申請しよう

月額課金のマガジンを発行するには申請が必要で、承認されれば発行できます。申請にはマガジンの内容の他に、更新頻度や自分自身の活動、アピールポイントなど、細かい情報が必要なので、しっかりとした内容をあらかじめ準備しておきましょう。

定期購読マガジンを作成する

1 マガジンの作成画面（Hint参照）で「有料（定期購読）」をクリック。

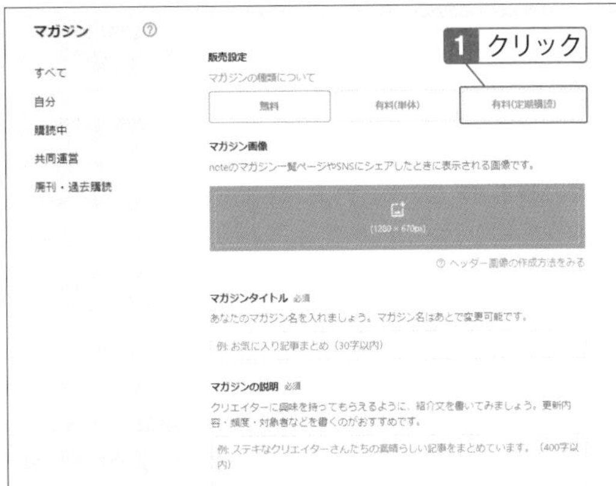

Hint

マガジンを新規に作成

新規にマガジンを作成するときは、アカウントのアイコンから「マガジン」をクリックして「マガジンを作る」をクリックします（SECTION06-02）。

2 マガジンのタイトルと説明を入力。

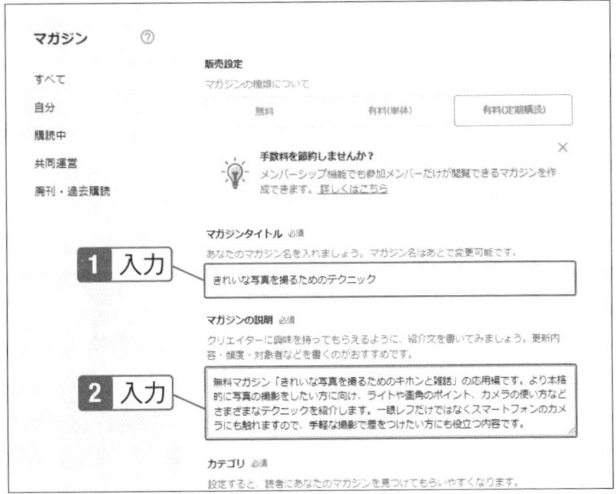

Check

定期購読マガジンはプレミアム機能

定期購読マガジンは、「noteプレミアム」の機能です。定期購読マガジンを作成するには、「noteプレミアム」に登録する必要があります。

3 カテゴリや更新頻度、販売価格を入力。申請内容には定期購読マガジンの内容をできるだけ詳しく入力。

Check

申請内容は非公開

申請内容に入力したものは公開されず、審査に利用されます。特に「掲載していく記事の内容」は審査で参考にされますので、しっかりと書きましょう。

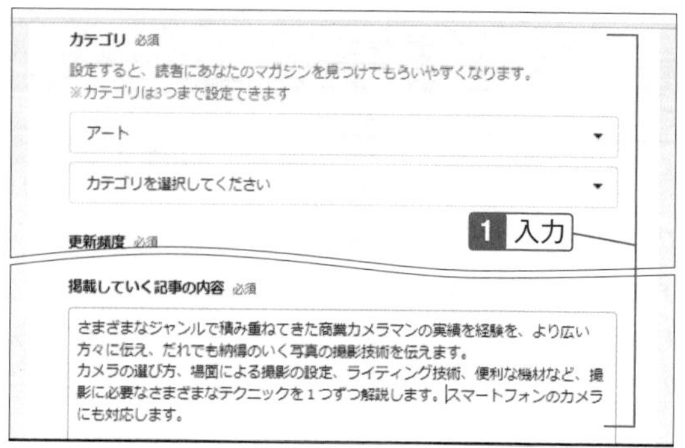

4 目標会員数、運営責任者名、参考URLを入力して「内容の確認」をクリック。

Check

審査中は修正できない

審査に提出すると、審査中は内容を修正できなくなります。内容に誤りや不足がないか、十分に確認してから申請してください。

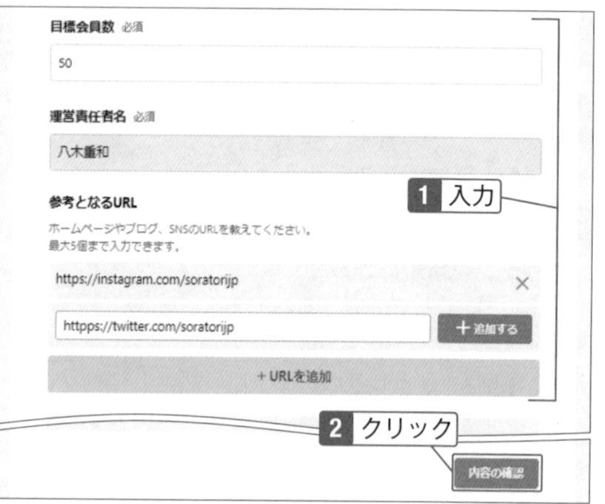

5 入力した内容を確認し、「申請を確定」をクリック。

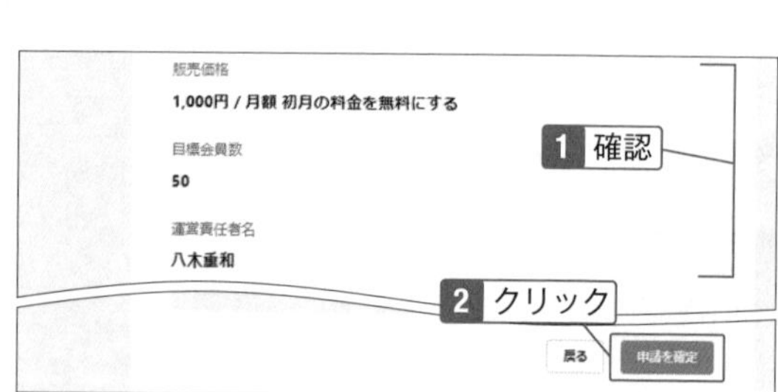

6 申請が完了し、審査中の状態でマガジンが作成される。

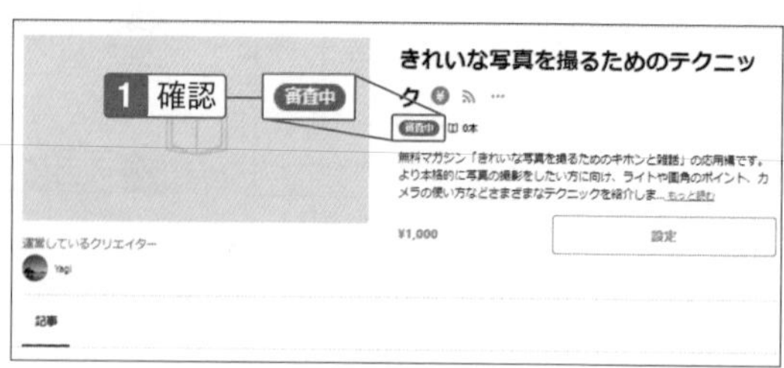

10-12 定期購読マガジンを公開して記事を追加する

定期購読マガジンに自分の記事を登録する

定期購読マガジンでも、記事の追加方法は無料マガジンと同じです。自分で過去に投稿した記事を追加する、あるいは新たに記事を書くときに定期購読マガジンに追加します。他の人が書いた記事は追加できません。

定期購読マガジンを公開する

1 定期購読マガジンの審査が完了するとメールが届く。

Check

公開すると戻せない

　定期購読マガジンは、審査が完了すると非公開の状態で登録されます。はじめに公開する操作が必要ですが、公開した定期購読マガジンを非公開に戻すことはできません。登録した内容を見直して、十分に準備をしてから公開するようにしましょう。

2 審査完了後にnoteを開くと通知が表示される。「公開する」をクリック。

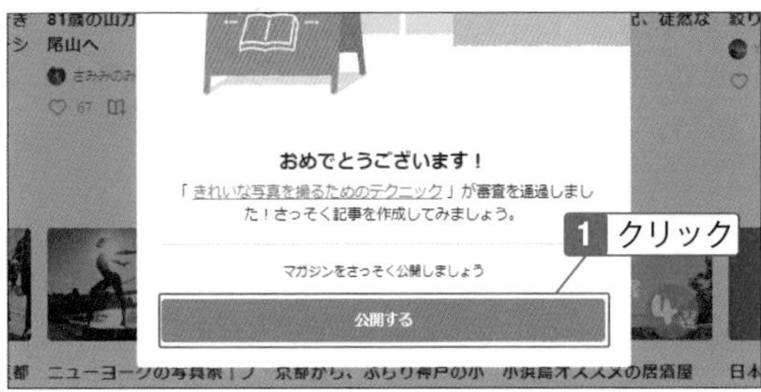

Hint

通知を閉じてから公開する

　あとで公開するときには、通知を閉じて、アカウントのアイコンをクリックします。続いて「マガジン」をクリックし、公開するマガジンの右上に表示されている設定アイコンをクリックします。

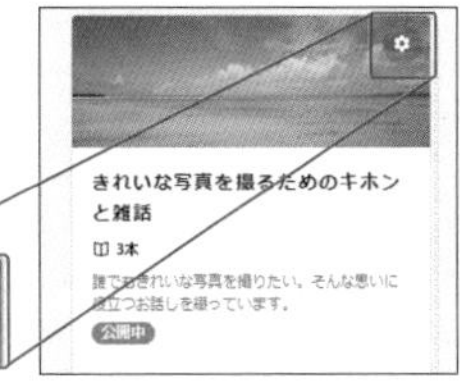

3 「マガジン画像」をクリック。

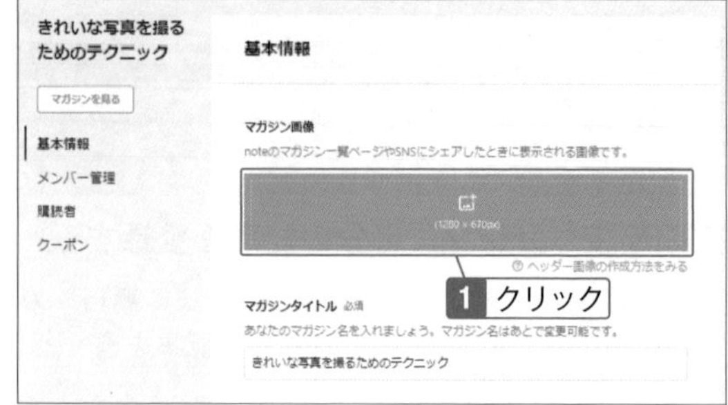

4 画像をアップロードして登録する。

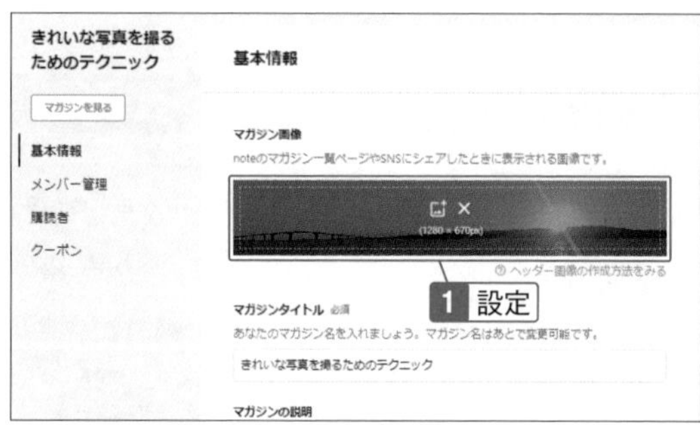

5 画面をスクロールして、「レイアウト」を選択し、「公開設定」をクリック。

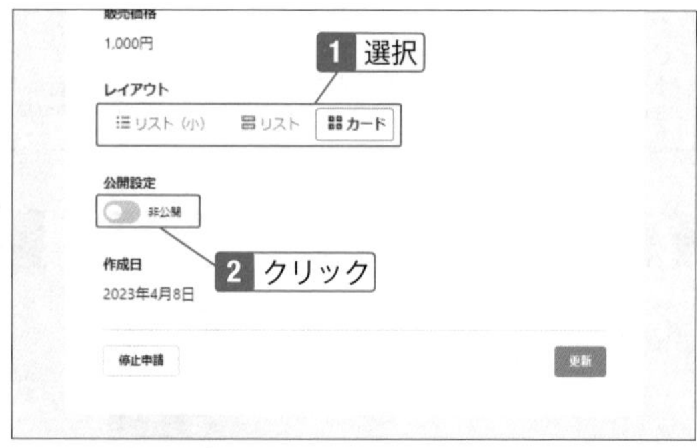

6 「公開」になっていることを確認して「更新」をクリック。

7 「閉じる」をクリック。

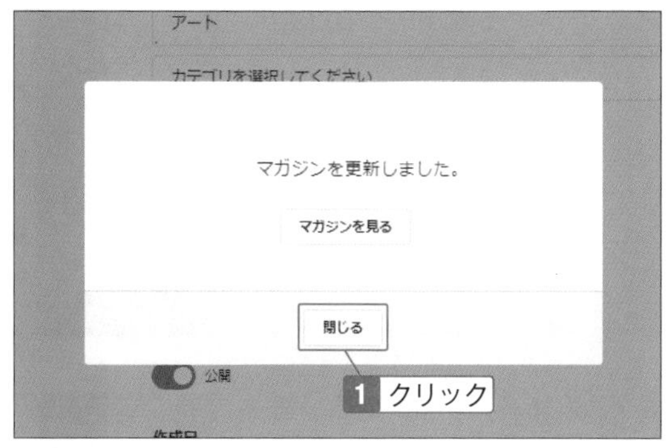

8 （×）（閉じる）をクリック。

定期購読マガジンに記事を追加する

1 記事を表示して「記事を保存」をクリック。

> **Hint**
>
> **操作や機能は無料マガジンとほぼ同じ**
>
> 定期購読マガジンは、機能面で無料のマガジンとほぼ同じです。運営方法についてはChapter06を参照してください。

10 より高度な有料サービスや機能を使いこなそう

2 追加するマガジンの「追加」をクリック。

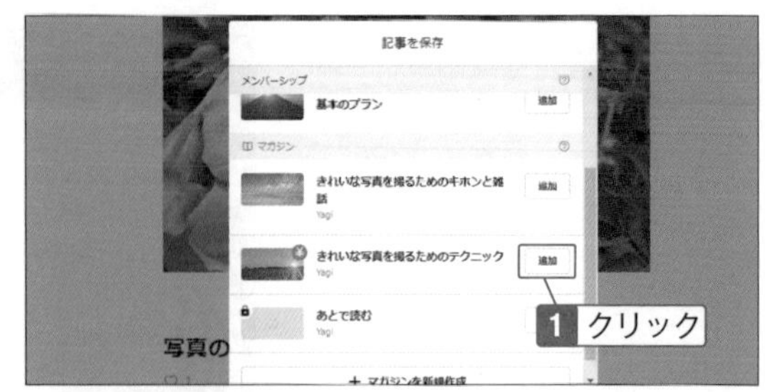

3 「追加済」になるので、「閉じる」をクリック。

4 定期購読マガジンに記事が追加される。

⚠ Check

定期購読マガジンを廃刊する

定期購読マガジンは、原則として1か月に1つ以上の記事を追加することが求められています。もし長い期間、記事を追加できない場合、note運営から廃刊を促されることもあります。また自主的に廃刊することもできます。いずれにしても購読者は購読をやめない限り月額課金がかかるので、購読者に迷惑をかけないような判断をしましょう。

⚠ Check

無料記事と有料記事の扱い

定期購読マガジンに追加した記事は、無料と有料によって扱いが変わります。

無料記事の場合、購読期間に関係なく購読者は読めますが、購読していない場合は定期購読マガジンの購読が必要になります。

有料記事の場合、購読期間に追加された記事は読むことができますが、購読期間外に追加された記事は別途購入が必要になります。

特に無料記事を追加した場合、無料でも定期購読マガジンを購読していない場合には読めませんので注意が必要です。

Chapter

11

スマホアプリで note を使おう

「note」はパソコンでの利用が便利ですが、スマホのアプリが用意され、スマホからでも多くの機能が利用できます。ここでは外出先でも使う機会が多い、基本的なログインや投稿といった操作を紹介します。その他の機能はパソコンの方法とほぼ同じなので基本的な使い勝手を覚えたらすぐに慣れるでしょう。またここではiPhoneアプリを使いますが、Androidでも基本的な操作は変わりません。

11-01 アプリからnoteにログイン / ログアウトする

パソコンもログインしておくと同時に利用できる

スマホアプリでは、PCで使っているアカウントのメールアドレスとパスワードを使いログインします。PCの利用と同時にログインしておくと、どちらからでも記事を投稿することができます。

noteにログインする

1 アプリのアイコンをタップ。

2 「おすすめ」が表示される。「アカウント」をタップ。

3 「ログイン」をタップ。

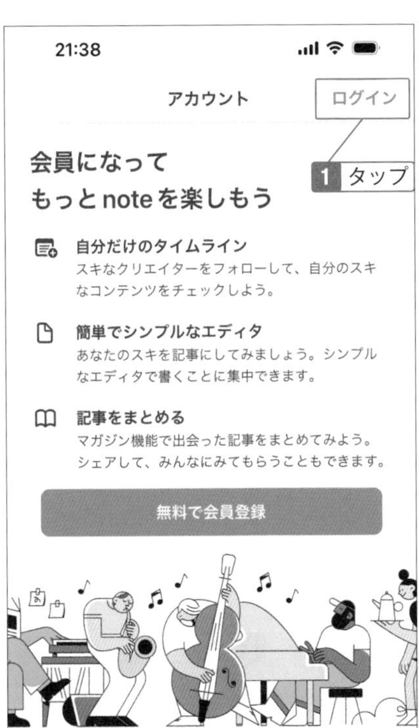

Hint

新規にアカウントを登録する

noteをまだ利用していない場合は、「新規登録」からアカウントの登録ができます。

4 メールアドレスとパスワードを入力し、「ログイン」をタップ。

5 ログインされ、アカウント設定画面が表示される。

11 スマホアプリでnoteを使おう

noteからログアウトする

1 「アカウント」をタップ。

⚠ Check

ログインした状態が保持される

アプリで利用しているときは、ログイン状態が保持されます。通常はログアウトする必要はありませんが、長期間使わないときや機種変更するときなどは念のためログアウトしておきましょう。

2 画面を下にスクロール。

3 「ログアウト」をタップ。

アカウント

設定

プロフィール設定

アカウント設定

お支払先

画面設定

通知

note の使い方

プライバシー

ご利用規約

リクエストを送信

バージョン履歴

1 タップ

ログアウト

4 「OK」をタップすると、ログアウトされる。

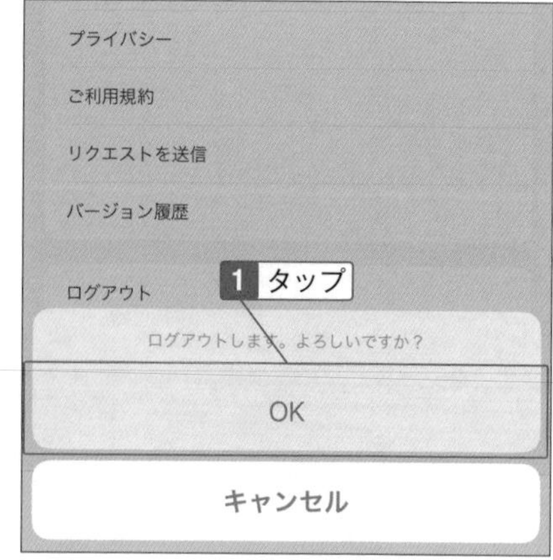

11-02

アプリから記事を投稿する

アプリでは、有料の投稿ができない

アプリでの投稿もPCと同じように操作できます。しかしiPhone(App Storeからダウンロードしたnoteアプリ)では、システムの都合で有料記事の投稿ができません。有料記事を投稿するときは、Androidアプリまたはブラウザーアプリを使います。

アプリから記事を投稿する

1 「つくる」をタップ。

2 「noteを書く」をタップ。

3 「ヘッダー画像」をタップしてヘッダー画像を挿入し、「タイトル」をタップして記事タイトルを入力。続いて「ご自由に～」をタップして、記事の本文を入力。

Hint

操作の流れはPCと同じ

スマホでは画面の配置など一部が異なりますが、基本的な操作の流れはPCと同じです。

4 記事を確認し、「公開設定」をタップ。

Check

ハッシュタグは候補から選択

ハッシュタグを入力するときは、「#」を入れずにキーワードを入力し、表示される候補から選択します。

5 「ハッシュタグ」の入力欄をタップ。

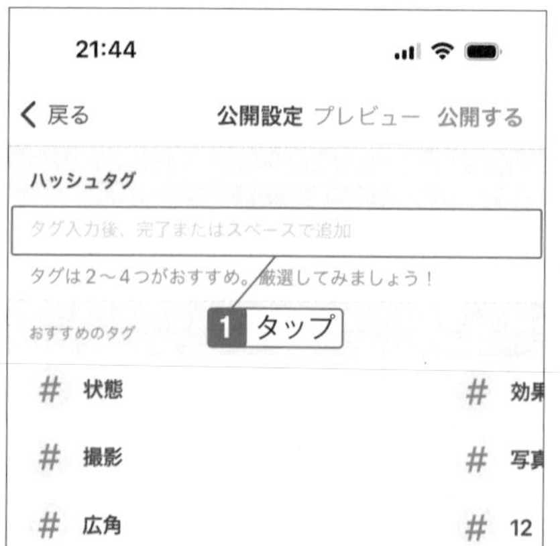

6 ハッシュタグを入力。

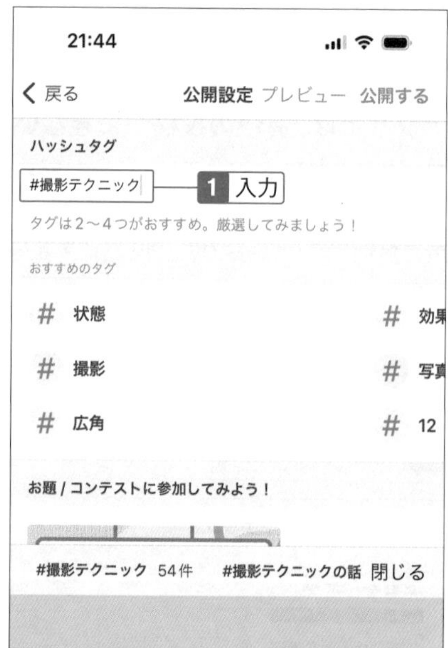

7 ハッシュタグが入力されているのを確認。

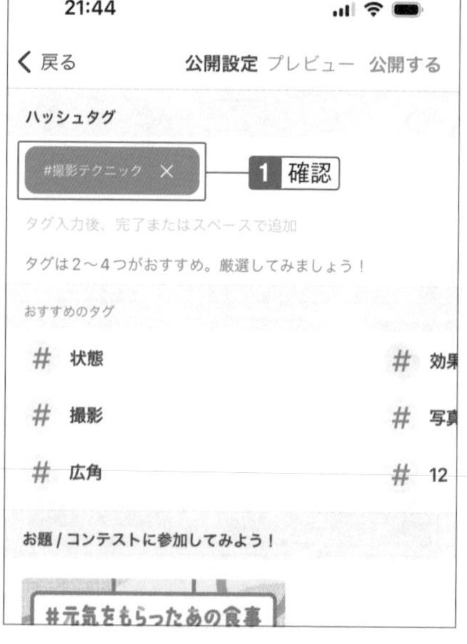

8 ハッシュタグを追加し、「公開する」をタップ。

Check

マガジンに追加する

投稿する記事をマガジンに追加する場合、「マガジンを選択」から追加するマガジンを設定します。

9 「公開する」をタップ。

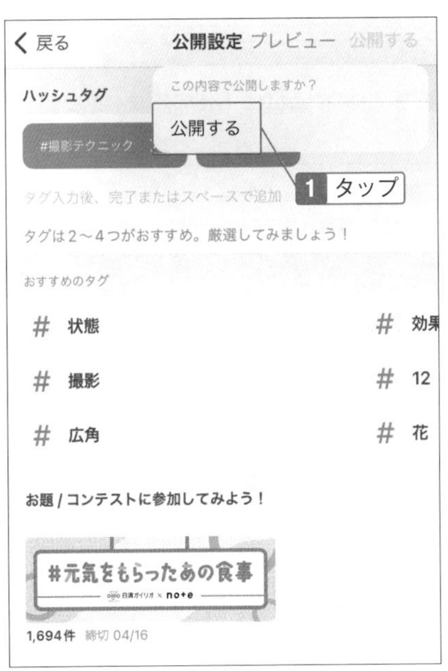

10 「閉じる」をタップ。

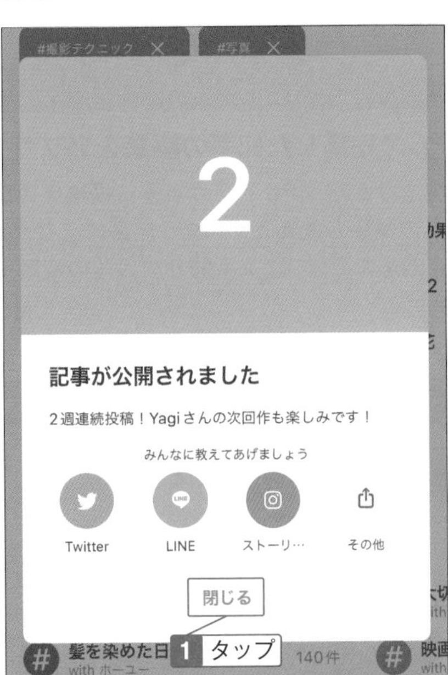

11 記事が投稿される。

11-03 アプリで記事を編集する

PCで投稿した記事の編集をアプリで行うことが可能

アプリからはPCと同じように投稿後の記事の編集、修正ができます。PCで投稿した記事の編集もできますので、記事に急な修正が必要になったときでも、どこにいてもすぐに対応できます。文字飾りや段落の変更・修正も反映されます。

記事を編集する

1 編集する記事の「…」をタップ。

2 「編集する」をタップ。

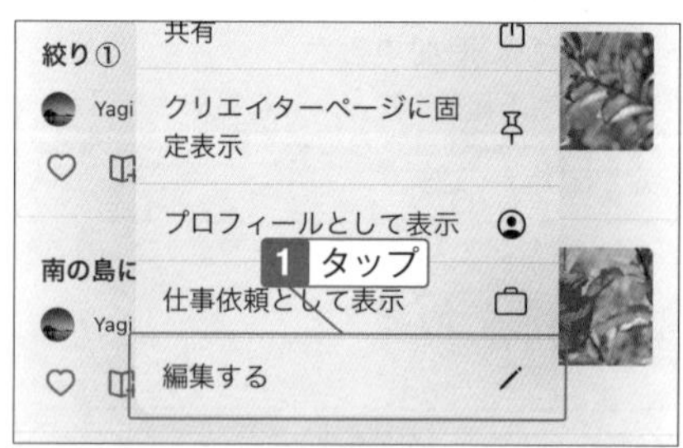

3 記事を編集し、「公開設定」をタップ。

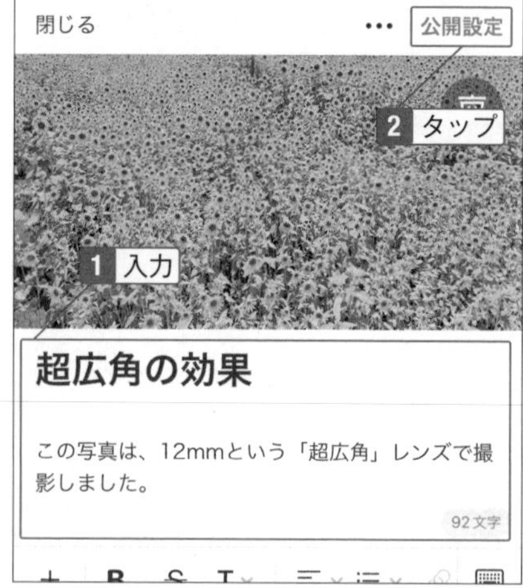

4 必要に応じてハッシュタグを修正し、「公開する」をタップ。

5 「公開する」をタップ。

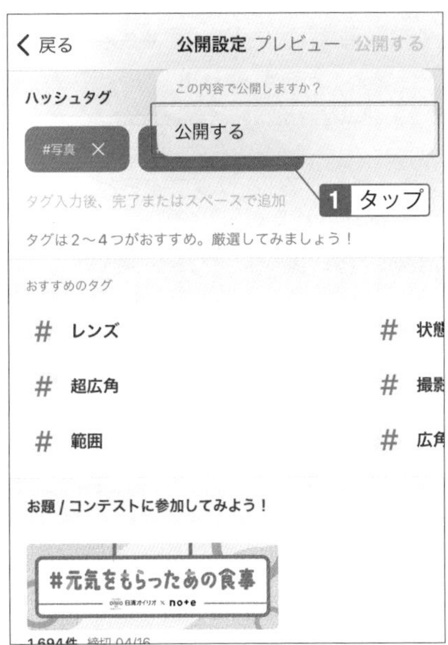

6 「閉じる」をタップ。

Hint

スマホのブラウザーを使う

スマホにアプリをインストールしなくても、スマホのブラウザー（Safari）でも同じ画面が表示されます。

Hint

記事の一覧から編集する

「アカウント」画面で「記事一覧」をタップして表示される記事の一覧で「…」をタップしても編集できます。

11-04 アプリで記事を削除する

出先で誤った投稿に気づいても、すぐ削除できる

記事を誤って投稿した、内容が間違っていたのですぐに削除したい。そのような急を要する事態でも、スマホにアプリをインストールしておくと、出先にいるときでもすぐに記事の削除ができます。

記事を削除する

1 「アカウント」をタップして、「記事一覧」をタップ。

2 削除する記事の「…」をタップ。

3 「削除」をタップ。

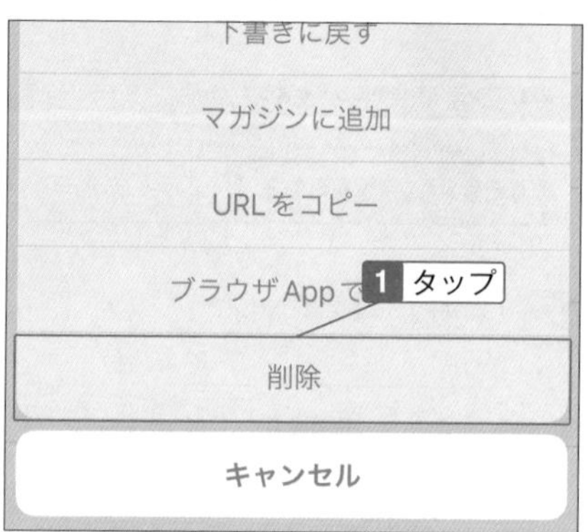

4 「削除する」をタップすると、記事が削除される。

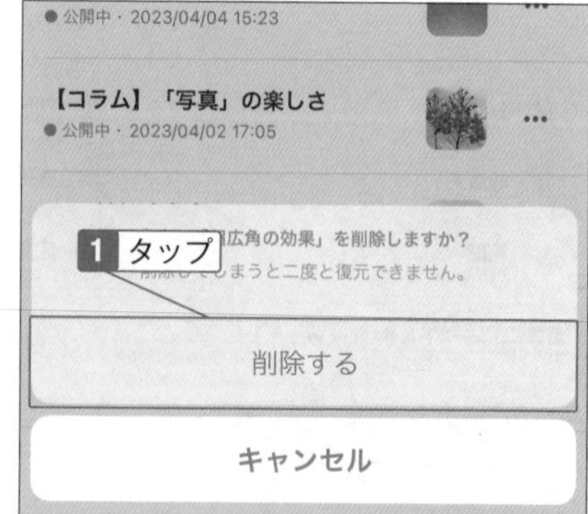

SPECIAL

note KIRIN公式アカウント担当者に聞く

オウンドメディア運用におけるnote活用

キリンホールディングスは、2019年4月にnote KIRIN公式アカウントの運用を開始した。自社の情報を発信するだけにとどまらず、業界全体のイメージや認知度向上のために、noteのプラットフォーム上でさまざまなメーカーとのコラボレーション記事を掲載するなど、従来のオウンドメディアとは一線を画した発信を続けている。そのnote KIRIN公式アカウントの運用担当である平山高敏氏に、noteの活用法について伺った。

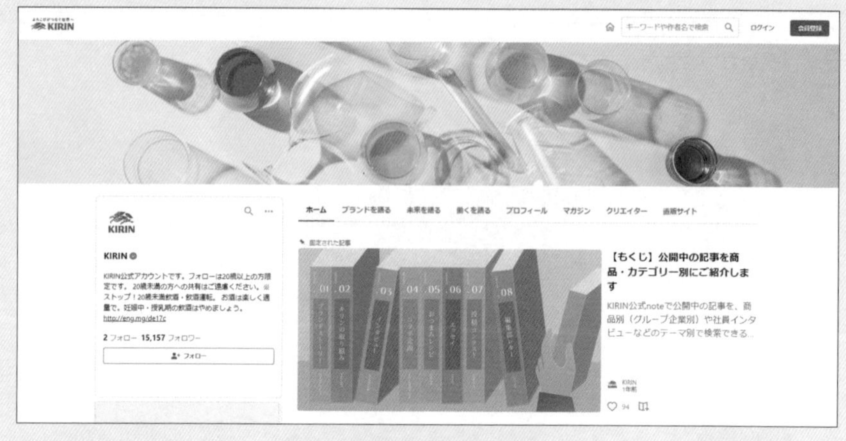

▲KIRIN 公式 note（ https://note-kirinbrewery.kirin.co.jp/ ）

平山高敏

2005年、新卒でWeb 制作会社に入社。昭文社の旅行ガイド『ことりっぷ』のWebプロデューサーを経て、2018年にキリンホールディングス入社。note 公式アカウント、オウンドメディア「KIRINto」の運営、インハウスエディターの育成も担当する。22年度webグランプリ「web人大賞」授賞。23年1月『オウンドメディア進化論』上梓。

（インタビュー・文　染谷昌利）

なぜnoteを始めたのか

私たちがKIRIN公式noteの立ち上げを考え始めた背景には、「オウンドメディア」と呼ばれる自社で運営するメディアの潮流の変化がありました。

そもそもオウンドメディアとは何かというと、一般的には企業が自社のウェブサイトやブログ、SNSなどを通じて、自社製品やサービスの情報提供、企業理念や取り組みの発信などを行うメディアのことを指します。オウンドメディアの目的は、企業のブランドイメージの向上や、商品やサービスの販促などが挙げられます。

しかしながら、noteを開始した当時はオウンドメディアが続々と閉鎖に追いやられている時期でもありました。自社ホームページ内に情報提供を行うコーナーを設けても、更新が滞ったり、検索結果の上位表示を狙ったコンテンツの量産で疲弊したり、売上向上に直結しなかったりと、理由はさまざまですがメディアの運営方法に悩んでいる企業が多かったのです。

一方、従来型のオウンドメディアとは少し違った、新時代型のオウンドメディアが増えてきてもいました。それらは、単なる自社商品やサービスの情報発信をするだけにとどまらず、会社の想いや目的、存在理由などを社会、そして社員に向けてメッセージを届けるメディアに進化していたのが大きな特徴です。

いまキリンには関連企業含めて約3万人の従業員が勤務しています。この規模になると、すべての従業員の顔や取り組み、考え方を外部の人たちに見せることは非常に難しいです。外部の人どころか、同じキリングループに属していても知らない人の方が多くなります。

しかし、実際に商品やサービスをつくりあげているのは従業員であり、彼ら彼女らの日々の活動によってキリンは成り立っています。商品開発に懸けた思いなど、企業の「人格」ともいえる、従業員一人ひとりの中にある「ストーリー」を伝えられれば、キリンという会社をより深く世の中に知ってもらえるのではないかと考え、チャレンジすることになりました。

運用プラットフォームを選択する際に心がけていたのは「スモールスタート」です。noteは無料でも利用できますが、自社のロゴやドメイン（URL）を使用したい場合にはnote proという法人向けの高機能プランを契約する必要があります。機能が上がる分、月額費用がかかるのですがホームページをオウンドメディア向けにリニューアル、あるいは機能追加する費用に比べたら遥かに小さい金額でチャレンジすることができ、撤退も容易です。

▲月額 80,000 円（税抜） ※ 2023 年 5 月現在（ https://pro.lp-note.com/ ）

さらにnote自体も急成長、そして変革の真っ只中でした。私のSNSのタイムラインには、日々多くのnoteの記事がポジティブな声を伴って流れてきていましたし、noteの住人（ここでいう住人とは発信者・クリエイターと読者・ファン両方を指します）同士の「声の掛け合い」も日に日に大きくなってきているように見えました。まさに「新しい街」ができつつあるという感覚がありました。

企業が運営する自社メディア（ウェブサイト、SNS）はここ数年で大きく増えました。今も増加の一途です。そのような環境の中で、なぜnoteを選んだのか。理由は以下の４つが挙げられます。

noteにおける、企業アカウントの目的

プロモーション
- 新商品・新サービスなどのリリースの補完的役割
- 広告表現では伝えきれない情緒的価値の提供

ブランディング
- 企業活動のストーリーの発信
- 企業の「中の人」を出したコンテンツで好感・親近感を獲得

コミュニティ
- 商品のファンによるリファラルの促進
- ファンの声を可視化し、共感の輪を醸成

コスト削減

・ウェブサイト制作の初期コストがかからない。予算をコンテンツに集中投下できる

以降、この4つの目的を紐解いていきます。

●noteと他のSNSとの違い

ご存知かもしれませんが、KIRINは企業アカウントだけでなく、ブランドごとのTwitterやInstagramなどのSNSの公式アカウントも運営しています。

その中でも160万を超えるフォロワーを抱えるキリンビールのTwitterでは、キリン商品の最新情報を取得したい人たちに向け、主にキャンペーン情報、新商品情報などを発信しています。約8万6000フォロワーを抱えるキリンビールInstagramは、キリン商品を愛好しているファンに向けて、暮らしの中でキリンの商品がどのように馴染んでほしいかを、特にデザイン性やストーリー性を交えて発信しています。

そのような状況の中でなぜnoteを開始したのか。よくTwitterは「LOOK at THIS（イマココの情報）」、Instagramは「LOOK at ME（自分を見て）」を発信するメディアと言われます。一方、noteは「LOOK at STORY」、つまり長文でしたためた想いが伝搬する場だと私は捉えています。それが従来のSNSとは一線を画しているのだと思います。

企業からの発信は、キャンペ　ンを行ったり広告を配信したりするなど、お客様に直接的なベネフィットを与えるメッセージが強くなります。でもnoteであれば、「私たちはこういうことを考えています」という思想を伝えられると思ったんです。

例えば、お酒のつくり手さんの想いを伝えていく場合、Twitterは短か過ぎます。逆に企業サイトでは無機質なお知らせになってしまうことが多いです。でもnoteであればもっと素直に、熱量や想いを伝えられるんじゃないか。そんな可能性を感じました。

さらにnoteはコンテンツを発信するプラットフォームでありながら、住人同士のつながりも生まれやすい側面も持っています。結果として、共感やリファラル（推奨）が生まれやすい、そしてポジティブなコミュニティ形成がされやすい環境が構築されています。

リファラルが生まれるとは、発信されたコンテンツに共感した「近い人」から徐々に「同心円状」に情報が拡がっていく状態を指します。そういった拡がり方が期待できるnoteであれば、無理なくサスティナブル（持続可能性が高く）にメディア運営ができるように感じられました。

●メディアの立ち上げにあたって、担当者がやるべきこと

noteに限らず、メディアをスタートする際にまずやらなくてはならないこと、それは「所信表明」です。これは読者との約束であり、運営側にとっては、いつでも立ち戻れる旗でもあります。

私たちがnoteを始める際に出した記事はこちらです。

キリンビール公式note、はじめます。

♡ 573

KIRIN
2019年4月19日 09:54

はじめまして。キリンビールnote編集部です。

この度みなさんと、「**これからの乾杯**」を一緒に考える場として、note公式アカウントを立ち上げることになりました。

はじめましての今回は、ご挨拶の代わりにnote公式アカウントを立ち上げた経緯や、noteでどんなことをしていきたいのかについてお届けします。

◀https://note-kirinbrewery.kirin.co.jp/n/n6127c1c6c609

これから私たちがnoteでどう立ち振る舞っていくかを、考えに考えて導かれたのが「これからの乾杯を考える」というタグラインでした。

タグラインとは、企業や商品が顧客に提供できる価値を、「想い」とともに表した短いフレーズのことを指します。

なぜKIRIN公式noteのタグラインは、「伝える」ではなく「考える」なのか。それは、noteには「声を掛け合う」カルチャーがあり、自らの考え（ストーリー）を表明することが好意的に受け入れられる場であることが関係しています。

この特徴を鑑みてたどり着いたのが、私たちから一方的に伝えるだけではnoteという街に住み続けることが難しいのではないか。私たちが自ら発信をすることと、その発信に共感してくれた方とコミュニケーションを取ること、それを繰り返していくことでメディアを拡げていくことが重要なのではないか、という姿勢です。

この姿勢にもとづき、noteにいる方たちと一緒にメディアを作り上げていきたいという想いを込めて「考える」をタグラインに採用した経緯があります。

タグラインを決めたならば、次はメディアのミッション（長期到達目標）を考えることになります。なお、ミッションとは、noteという街において「私たちが貢献できること」です。お酒を取り扱う、いち企業として社会にどんな貢献ができるかを深く考えました。

開設当時のミッションは「キリンのnoteがあることで1人でも多くの人が次の乾杯が楽しみになる」としました。

「次の乾杯が楽しくなるコンテンツ」。確かに聞こえは良いのですが、それだけではメーカーのオウンドメディアである必要がありません。メーカーが運営するメディアとして、企業と商品の魅力が伝わり、私たちの商品もしくは企業そのものを好きになってもらうことが当然の目的として存在します。

そこでミッションの次に、ビジョン（短期的な目標）を考える必要が出てきます。

ビジョンは「キリンの『今とこれから』の思想が伝わるとともに、読者が心地良いお酒との付き合い方を知り、誰かに薦めたくなるメディアとなっていること」としています。

ここで伝えたいことは、決める内容よりも「順番」が大事だということです。SNSなど個人の方が既に楽しんでいる場で発信をするのであれば、企業アカウントとしてそこでどんな発信をするかを考える前に、「まずはその住人に対してどんな貢献ができるかを考える」ことです。その上で企業のメディアとしての目的達成のためにできることを考えることが大切です。この順番は守るべきだと思っています。

旗を掲げたなら、具体的なコンテンツについて考えていくわけですが、忘れてはいけないのが読者にとってのバリューです。どんなにきれいなミッションが立てられても、読者にとって「つまらないもの」であっては意味がありません。私たちはバリューを以下の3つに定めています。

note読者にとってのバリュー

1. キリンの商品を知り、試すことで新しい楽しみが見つかること
2. 新しいお酒の楽しみ方を知り、誰かに共有したくなること
3. 価値観の合う乾杯仲間が作れること

noteの読者と交わした約束ごとであるタグライン、コンテンツの指針としてのミッション・ビジョン、メディア活動が与えうるバリューを常に立ち戻る旗に据えたら、ようやく個別のコンテンツを考えていく準備が整ったことになります。

◆NGラインを決める

コンテンツを考える前にもうひとつ決めなくてはいけないことがあります。それは、note上において「越えてはいけないライン」です。読者との約束を守るためにも超えてはいけないラインを最初に作っておくことは非常に重要です。

私たちがNGラインと決めたのはこの3つです。

1. 「割引」「お得」など、販促を含むキャンペーン情報
2. 人の顔が見えないコンテンツ
3. リリース情報と類似した「新商品情報」やマス広告と同じメッセージ

シンプルに言えば、noteでなくても発信できる内容は取り扱わないということです。noteだけではなく、これはSNSの運営についても同じことが言えます。

企業の発信拠点となれば、多方面の部署や関係者から発信を依頼されることも多いで

す。安請け合いして、どんなものも無尽蔵に出してはプラットフォームの住人に嫌われることもあります。そういった意味でもNGラインを定めておくことは重要です。

●コンテンツを作る時に決めること

◆コンテンツを3つのレイヤーに分ける

noteにおける読者の全体像がわかったとしても、私たちが扱うコンテンツの対象はお酒にまつわるものに限られます。ですので、具体的にコンテンツを考える際にはお酒に対する興味関心を軸に読者の属性を分けて考えることにしました。当時、キリンビール公式noteでは3つのレイヤーに分けてコンテンツを考えていました。

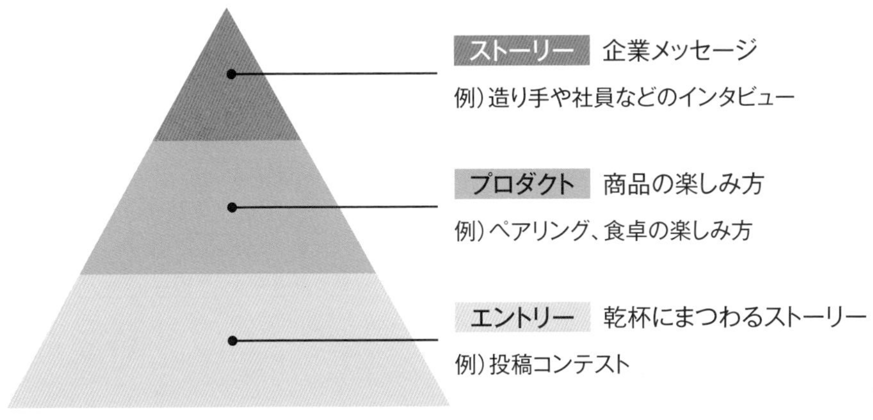

▲note のコンテンツカテゴリ

それぞれ「ストーリー」「プロダクト」「エントリー」というレイヤーとなります。三角形の縦軸がキリンへの関心度であり、横軸が読者の規模を表します。つまり、上の「ストーリー」は、読者の数は狭まる一方でキリンへの関心度も高いということになります。

一番上の「ストーリー」は会社としての想いやビジョンを伝える場所です。想定される読者としては既にキリンの愛好者か、ビジネスまわりの関心が高い方が挙げられます。具体的なコンテンツとしては造り手や社員などのインタビュー記事が該当することになります。

二段目の「プロダクト」については、乾杯の楽しみ方を伝えるレイヤーです。お酒やお酒のカルチャー（クラフトビールやオーガニックワインなど）にも興味関心度が高い方が対象になります。

具体的なコンテンツとしては、ペアリング記事や食卓の楽しみ方が当てはまります。このレイヤーを「プロダクト」としているのは、コンテンツの中には確実にキリンの商品も併せて紹介する、というルールを設けているためです。

一番下の「エントリー」は乾杯の周辺にあるストーリーとしていますが、こちらはお酒にそこまで強い嗜好性はないものの、noteのカルチャーが好きである方などが挙げられます。コンテンツとしては主にお酒の入口になるようなものですが、一番の代表例は「投稿コンテスト」になるかと思います。

▲左からストーリー、プロダクト、エントリーの例

◆レイヤーを分ける理由

なぜコンテンツのレイヤーを分けるのか。それはオウンドメディアの「風通し」を調整するためです。

「オウンドメディアの潮流」に則ると、ストーリーや想いを伝えることが重要になってきていることがわかります。そうすると必然的に前述の三角形の一番上（ストーリー）が最も重要になってきます。

しかしながら、一歩引いて私たちが扱う商材である「お酒」を眺めてみると、本来的にお酒は「気軽に楽しむもの」だということもわかってきます。そんな特徴を考えると「想い」だけが並ぶメディアは少し窮屈に見えてしまいます。

商材によってはもっと「絞りのきかせたコンテンツ戦略」でもいいでしょう。しかし前述したように私たちはお客様の間口が広い飲料メーカーですので、偏り過ぎるコンテンツ展開はチャンスロスにつながってしまうと判断し、意図的に3つのレイヤーに分けることにしました。

コンテンツを3つに分け、バランス良く混在させることで、そこまでお酒に興味のなかった人が興味を持ち、さらにそこからキリンの商品や企業姿勢にも目を向けるきっかけにしてもらう、そんな階段を登ってもらうことが可能となります。「風通しを調整する」というのはそういう意味合いです。

上記の3つのレイヤーに分けてコンテンツは考えますが、もう一点、どのレイヤーにおいても共通して考えていることは「noteの住民と一緒にコンテンツをつくる」ことです。

●クリエイターと協奏する

私たちが運営するのは「これからの乾杯を考える場」であるnoteです。ですからコンテンツを考える際には、noteのクリエイター（料理家さんや専門家、企業の広報担当者などの発信者）とコラボレーションできる可能性はあるのか、をいつも考えています。

クリエイターと一緒にコンテンツを作る際に、一番気を付けなくてはいけないのは、私たちとコラボレーションすることが、そのクリエイターさんにとって「プラスになるか」という点です。さらに言えば、そのコンテンツがそのクリエイターさんのフォロワーにとっても楽しめるものになっているかという点です。

クリエイターさんと向き合い、クリエイターさんの意向に耳を傾け、そして合意形成ができたなら、クリエイターさんにとって「次の一歩」につながる企画を考えていきます。

なぜそこまでするのか？理由は簡単です。私たちもクリエイターさんもnoteというひとつの街で一緒に住んでいるからです。ずっといい関係でいるためには、一方的に要求することはありえないことだという前提に立つべきだと考えています。

また、「クリエイターさんのフォロワーが楽しめるもの」を考えるということは、アウトプットされたコンテンツが「誰がなんと言ってシェアしてくれるか」を考えることでもあります。コンテンツを作る上で大切なことは、そのコンテンツを見て、いの一番に「いいね！」と声を上げてくれる「具体的な人」を知ることです。

結果として、実際にこの1年を振り返ると、noteのクリエイターさんと一緒に作り上げたコンテンツは他のコンテンツと比較して反応がいいことがわかっています。

願いととのうエビフライ【うしろむき夕食店＊一の皿】

♡ 264

KIRIN
2020年9月18日 11:00

KIRIN
2020年9月18日 11:00

ポプラ社さん、新人作家冬森灯さんとコラボした『うしろむき夕食店』プロジェクト。いよいよ本日より小説の連載がスタートします。

一気に読み切れない方のため、区切りのいいところで**「栞」として**🍺を入れることにしました。今自分が**「何杯目のビール」**まで進んでいるかをご確認いただきながらまた小説の世界に戻ってきてもらえればと思います。

それでは、第一話『願いととのうエビフライ』です。

・『うしろむき夕食店』プロジェクトについてはコチラ
・冬森灯さんについてはコチラ

▲https://note-kirinbrewery.kirin.co.jp/n/n23bdf2b2ae47

●何を目的（または目標）として、noteを運用するのか

オウンドメディアを運営していて一番聞かれるのはKPI（重要業績評価指標）についてです。その度に答えに困ってしまうのですが、基本的には「場合による」だと思っています。

なぜなら、前述の読者のレイヤーの三角形の通り、コンテンツによって想定される読者の数が当然違ってくるわけです。そうなると一概にview（訪問者）数を並べて数だけで成果を判断することが適切とは言えません。ですから、基本的には記事ひとつひとつの目的に合った「反応が出ているか」ということがKPIとなります。

とはいえ、ひとつ共通して測れる基準があります。それは読者のSNS上のシェア（発話）数です。私たちが出したコンテンツに対して何を感じていただいたかを測ることが「これからの乾杯を考える」というコンセプトにも合致するとして、唯一共通して見ている指標になります。

もちろん、数値として測ることができる「view数」「スキ数」「スキ率」「フォロワー数」などはすべて把握しています。しかしながらそれらは三角形の中でどの位置に属するコンテンツなのかによって重要視するポイントを変えて見ることにしています。より多くの人が興味を持つものなら「view数」ですし、よりコアな人向けのコンテンツなら「スキ率」といったように、並んだ数字のバランスを見て課題点、改善点を洗い出しています。

回りくどいやり方ではありますが、こうしたKPIを置くことのメリットは、ひとつひと

つのコンテンツに対して、企画から効果解析まで一貫して「考え続けることができる」という点にあるかと思います。

ひとつの指標にこだわり過ぎると、徐々に部分最適に走ってしまうおそれがあります。それはメディアを運営していく上であまり健康的な状態とは言えません。しっかりと山を見て走り続ける意味でも、数字との向き合い方は丁寧にしたいところです。

あくまでnoteはクリエイターの皆さんが自ら発話する場だと思っているので、私たちの発信を受け取ってもらうだけでなく、共鳴し発話してもらうことがひとつのゴールだと思っています。noteがひとつの街であるならば、私たちは広場をつくり、みんなが楽しめる場を長く提供していきたいのです。

もちろん企業ごとに成果基準は変わってきます。メディア開始時に評価ポイントを社内ですり合わせておくことも忘れてはいけませんね。

●単に商品をPRするためだけのメディアではない

noteだからできたと思っている企画がこちらです。

こんにちは。お客様相談室です。

10本

お客様相談室が実際にお客様からいただいた問い合わせをピックアップし、担当社員とのやりとりを連載形式でご紹介します。

フォローする

運営しているクリエイター

KIRIN

記事　月別　ハッシュタグ

固定された記事

毎日200件のお客様の声に耳を傾ける。キリン「お客様相談室」が大事にすること

お客様と一番近い場所に立ち、消費者とキリンをつなぐ「お客様相談室」。寄せられるご相談は、実に千差万別。ときには商品のご案内をし、...

KIRIN
1年前

▲こんにちは。お客様相談室です。(https://note-kirinbrewery.kirin.co.jp/m/m2b62756e07ca)

なかなか注目されづらい「お客様相談室」を全面に押し出したコーナーです。

お客様からの問い合わせに対して、相談室のスタッフが共通して想っていることは「丁寧に、丹念に伝えたい」ということです。プレスリリースでもSNSでもない、noteであればこそ、その「しっかりと伝えたい想い」を言語化できると信じてくれ、取材に協力してもらいました。

興味深かったのは、記事が公開されるやいなや、社内に広く共有されたことでした。記事を通して、従業員が語った言葉が伝搬していく様子を見ていると、noteの新たな可能性を感じました。

noteの街にいる皆さんに届けたいと思って紡いだ言葉はそのまま、働いている自分たちにも同じ熱量で届いている。その熱量は、届いた人の「明日の仕事」につながっていく。そんな風にして、グループ内の「温かい広がり」の熱源に、noteが今なりつつあります。

さらに「温かい広がり」は社内を離れ、「これから働く人」にまで広がり始めています。

noteの発信を見てくれていた学生が、従業員の働く姿をリアルに想像できたことで入社を決めてくれたという事例もあります

おかげさまでnoteの取り組みが評価され、社内の人事担当とも連携して、コンテンツ展開を検討する土台ができあがりつつあります。

◆広報、宣伝の手が届かない部分を支える

営利企業なので当然ですが、限られた予算と人員の中で、いかに特定の商品を効果的にPRして売上につなげていくかを考えなければなりません。

2021年8月に開始した「#今日はキリンラガーを」という企画があります。「キリンラガービール」が発売され130年以上の時が経ちました。この長い歴史があるからこそ、ラガービールを愛してくれるお客様それぞれの想いがあります。キリンラガービールは現在、一切テレビCMを打っていません。そこで、「従業員一人ひとりの、ラガーに対する思いを集めたら面白いんじゃないか」と考え、なぜキリンラガービールが好きなのかをエッセー調にして書いてもらう企画を実施しました。

いいお酒は注ぐだけで名演技をしてくれる。【#今日はキリンラガーを】

162

KIRIN

それぞれのキリンラガーの物語と共に、「今日は、キリンラガービールを飲もうかな」と手に取りたくなるような瞬間を見つけていく連載「#今日はキリンラガーを」。

第6回目は、**東京・富ヶ谷の人気ワインバー「アヒルストア」店主、齊藤輝彦さん**です。

緊急事態宣言明けのある日、久しぶりにお酒を飲める喜びが溢れる「アヒル

日常のご褒美。「油」と「味噌」の秋おつまみ【 #今日はキリンラガーを 】

44

KIRIN

それぞれにあるキリンラガーの物語と共に、キリンラガーを飲みたくなる瞬間をみなさんといっしょに見つけていく連載「#今日はキリンラガーを」。

第4回目となる今回は、**料理家の真藤舞衣子さんに、秋の訪れを感じるキリンラガーのおつまみ**を教えてもらいました。

普段からキリンラガーが好きで、家には常にストックがあると語る真藤さんは、キリンラガーを**「日常の一部」**だと語ります。

20代にとってのキリンラガービールは「尊敬する父が一日の疲れを癒やす存在」であり、60歳近い役職者にとっては、「今なお自分を支え、自分と一緒にキリンの歴史を支えてきた存在」でもあります。キリンラガーにまつわる想いは百人百様なのです。

この企画が公開されると、私たちの記事をTwitterでシェアした上で、「自分にとってのラガービールはこんな存在」と熱く語るラガー愛好家がいらっしゃったり、多くのファンを抱えるクリエイターからも「ラガー愛を語りたい」と、自分のnoteで記事を書いてくれたりすることもありました。

この企画を実施したところ、徐々に口コミで企画が広まり、ハッシュタグ「#今日はキリンラガーを」のTwitterリーチ数（上記ハッシュタグを含む投稿がTwitterユーザーに届いた数）は、4ヶ月間で1600万にもなりました。

商品の良さを知ってほしいというゴールがある場合、「人の想い」に焦点を当てるアプローチは一見遠回りにも見えるかもしれません。しかし、noteのようにクリエイティブ色の強いプラットフォームにおいては、「人」や「想い」を前面に出した「エモい（エモーショナルな）」投稿の方が共感を呼び、拡散されやすい傾向があります。自分の愛する商品をもっと世の中に広めたいという人の思いを通じて、結果として商品の認知度が高まる可能性があります。

●最後に一言

一企業アカウントである私たちがnoteという街でできることは、「楽しい催し」を企て、少しでも「明るく有意義な広場」を提供することだと思っていますし、ひとりでも多くのクリエイターさんが作品づくりに対して前向きになれることだと思っています。

同時に、企業アカウントがもっと集まり、楽しい広場をつくることができれば、それは企業発信としても非常に大きな役割を担う場所になると確信もしています。ひとつでも企業アカウントが増えることと、ひとりでも多くのクリエイターさんが私たちと交流することで、また新しい作品の息吹が芽生えることを願っています。

最後にこれからの話をします。このインタビューで何度も話させていただきましたが、コンテンツ発信における基本の姿勢はnote上のクリエイターさんと「一緒に」コンテンツを作っていくことです。ですから、これからもいろんなクリエイターさんとコラボしていく企画を考えています。

私たちの企てを通じて、クリエイターさんの作品がより多くの人の目に留まり、クリエイターさんのファンが増え、クリエイションのモチベーションが高まり、さらによりよい作品がアウトプットされるような循環を生み出していきたいと思っています。

特に今は先行きの見えない不安が日本のみならず世界中を覆っています。そんな中でも私たちは、引き続きnoteにいるクリエイターさん達にどんどんと声をかけていき、そして生活が明るくなるコンテンツを提供していきたいと思っています。

用語索引

英数字

あ行

か行

さ行

た行

な行

は行

ま行

や行

ら行

や行

目的別索引

アルファベット

あ行

か行

さ行

た行

な行

は行

ま行

※本書は2023年5月現在の情報に基づいて執筆されたものです。
本書で紹介しているサービスの内容は、告知無く変更になる場合があります。あらかじめご了承ください。

■著者
八木 重和（やぎ しげかず）
テクニカルライター。学生時代からパソコンや当時まだ黎明期のインターネットに触れる機会を持ち、一度サラリーマンになるもおよそ2年で独立。以降、メールやWeb、セキュリティ、モバイル関連など幅広い執筆活動を行う。同時にカメラマン活動やドローン空撮にも本格的に取り組む。

■SPECIAL　インタビュー・文
染谷 昌利

■イラスト・カバーデザイン
高橋 康明

note完全マニュアル[第2版]

発行日　2023年　6月26日　第1版第1刷

著　者　八木　重和

発行者　斉藤　和邦
発行所　株式会社　秀和システム
〒135-0016
東京都江東区東陽2-4-2　新宮ビル2F
Tel 03-6264-3105（販売）Fax 03-6264-3094
印刷所　三松堂印刷株式会社　Printed in Japan

ISBN978-4-7980-6999-9 C3055